职业教育"十三五"
数字媒体应用人才培养规划教材

Photoshop

CC 2019
微课版

平面设计应用教程

赖晶亮 ◎ 主编　　颜靖初 王康 唐彩虹 李鑫 ◎ 副主编

人民邮电出版社

北　京

图书在版编目（ＣＩＰ）数据

Photoshop 平面设计应用教程 / 赖晶亮主编. -- 北京：人民邮电出版社，2021.1（2023.7重印）
职业教育"十三五"数字媒体应用人才培养规划教材
ISBN 978-7-115-54428-5

Ⅰ. ①P… Ⅱ. ①赖… Ⅲ. ①平面设计－图像处理软件－职业教育－教材 Ⅳ. ①TP391.413

中国版本图书馆CIP数据核字(2020)第124401号

内 容 提 要

Photoshop 是一款功能强大的图形图像处理软件。本书对 Photoshop 的基本操作方法、图形图像处理技巧及该软件在各个领域中的应用进行了全面的讲解。

本书共分为上下两篇。上篇为基础技能篇，介绍了图像处理基础与选区的应用，绘制、修饰与编辑图像，路径与图形，调整图像的色彩与色调，应用文字与图层，使用通道与滤镜等内容。下篇为案例实训篇，介绍了 Photoshop 在各个领域中的应用，包括图标设计、照片模板设计、App 页面设计、Banner 设计、海报设计、H5 页面设计、书籍装帧设计、包装设计和网页设计。

本书适合作为职业院校平面设计类课程的教材，也可作为相关人员的自学参考用书。

◆ 主　　编　赖晶亮
　　副主编　颜靖初　王　康　唐彩虹　李　鑫
　　责任编辑　桑　珊
　　责任印制　王　郁　马振武
◆ 人民邮电出版社出版发行　　北京市丰台区成寿寺路 11 号
　　邮编　100164　　电子邮件　315@ptpress.com.cn
　　网址　https://www.ptpress.com.cn
　　天津翔远印刷有限公司印刷
◆ 开本：787×1092　1/16
　　印张：18　　　　　　　　2021 年 1 月第 1 版
　　字数：462 千字　　　　　2023 年 7 月天津第 8 次印刷

定价：59.80 元

读者服务热线：(010)81055256　印装质量热线：(010)81055316
反盗版热线：(010)81055315
广告经营许可证：京东市监广登字 20170147 号

　　Photoshop 是由 Adobe 公司开发的图形图像处理和编辑软件。它功能强大、易学易用，因此深受图形图像处理爱好者和平面设计人员的喜爱，已经成为这一领域流行的软件之一。目前，在我国很多职业院校的数字媒体艺术类专业中，"Photoshop 平面设计"都是一门重要的专业课程。为了帮助职业院校的教师全面、系统地讲授这门课程，使学生能够熟练地使用 Photoshop 进行创意设计，我们几位长期在职业院校从事 Photoshop 教学的教师和专业平面设计公司经验丰富的设计师共同编写了本书。

　　本书具有完善的知识结构体系。在基础技能篇中，我们按照"软件功能解析 — 课堂案例 — 课堂练习 — 课后习题"这一思路编排内容。通过学习软件功能解析，学生能快速熟悉软件功能和平面设计特色；通过演练课堂案例，学生能深入学习软件功能和艺术设计思路；通过做课堂练习和课后习题，学生能拓展实际应用能力。在案例实训篇中，我们根据 Photoshop 的各个应用领域，精心安排了专业设计公司的 54 个精彩实例。通过对这些案例进行全面的分析和详细的讲解，学生的学习更加贴近实际工作，艺术创意思维更加开阔，实际设计制作水平不断提升。在内容编写方面，我们力求细致全面、重点突出；在文字叙述方面，我们注意言简意赅、通俗易懂；在案例选取方面，我们强调案例的针对性和实用性。

　　为方便教师教学，本书配备了所有案例的素材及效果文件、详尽的课堂练习和课后习题的操作步骤视频，以及 PPT 课件、教学大纲等丰富的教学资源，任课教师可到人邮教育社区（www.ryjiaoyu.com）免费下载使用。本书的参考学时为 60 学时，其中，实践环节为 40 学时，各章的参考学时请参见下面的学时分配表。

章	课程内容	学时分配（学时）	
		讲授	实训
第 1 章	图像处理基础与选区的应用	2	2
第 2 章	绘制、修饰与编辑图像	2	2
第 3 章	路径与图形	2	2
第 4 章	调整图像的色彩与色调	2	2
第 5 章	应用文字与图层	2	2
第 6 章	使用通道与滤镜	1	2
第 7 章	图标设计	1	2
第 8 章	照片模板设计	1	4
第 9 章	App 页面设计	1	2
第 10 章	Banner 设计	1	2
第 11 章	海报设计	1	4

章	课程内容	学时分配（学时）	
		讲授	实训
第 12 章	H5 页面设计	1	2
第 13 章	书籍装帧设计	1	4
第 14 章	包装设计	1	4
第 15 章	网页设计	1	4
学时总计		20	40

本书中关于颜色设置的表达，如橘黄色（255、165、0），括号中的数字分别为其 R、G、B 的值。

本书全面贯彻党的二十大精神，以社会主义核心价值观为引领，传承中华优秀传统文化，坚定文化自信，使内容更好体现时代性、把握规律性、富于创造性。

由于编者水平有限，书中难免存在不妥之处，敬请广大读者批评指正。

编　者

2023 年 5 月

教学辅助资源及配套教辅

素材类型	名称或数量	素材类型	名称或数量
教学大纲	1 套	课堂实例	40 个
电子教案	15 单元	课后实例	48 个
PPT 课件	15 个	课后答案	48 个
第 1 章 图像处理 基础与选区 的应用	制作时尚美食类电商 Banner	第 5 章 应用文字与 图层	制作文化创意运营海报
	制作旅游出行公众号首图		制作光亮环电子数码公众号首页 次图
	制作文化传媒公众号封面次图		制作饰品类公众号封面首图
	制作果汁广告		制作爱宝课堂公众号封面首图
第 2 章 绘制、修饰 与编辑 图像	制作摄影公众号封面首图	第 6 章 使用通道与 滤镜	制作家电类网站首页 Banner
	制作旅游出行类公众号封面 次图		制作女性健康公众号首页次图
	制作娱乐媒体类公众号封面 次图		制作教育类公众号封面首图
	制作玩具类公众号封面次图		制作每日早餐公众号封面首图
	制作产品手提袋		制作美妆饰品类网店详情页主图
	制作房屋地产类公众号信息图		制作文化传媒类公众号封面首图
	制作美妆教学类公众号封面 首图		制作大大碗娱乐公众号封面首图
第 3 章 路径与图形	制作箱包 App 主页 Banner 广 告		制作女装类公众号封面首图
	制作环保类公众号首页次图	第 7 章 图标设计	绘制应用商店类 UI 图标
	制作家电类 App 引导页插画		绘制时钟图标
	制作箱包类促销公众号封面首 图		绘制手机图标
	制作七夕节海报		绘制记事本图标
第 4 章 调整图像的 色彩与色调	制作化妆品网店详情页主图		绘制计算器图标
	制作时尚娱乐 App 引导页		绘制画板图标
	制作摩托车 App 闪屏页	第 8 章 照片模板 设计	制作情侣生活照片模板
	制作旅行社公众号封面首图		制作旅游 PPT 照片模板
第 5 章 应用文字与 图层	制作休闲鞋详情页主图		制作婚纱照片模板
	制作汽车工业行业活动邀请 H5		制作个人写真照片模板

素材类型	名称或数量	素材类型	名称或数量
第8章 照片模板设计	制作宝宝成长照片模板	第12章 H5页面设计	制作家居装修行业杂志介绍H5
	制作综合个人秀模板		制作食品餐饮行业产品介绍H5
第9章 App页面设计	制作电商女装App界面		制作中信达娱乐H5首页
	制作音乐类App引导页		制作女装活动页H5首页
	制作电商运动鞋App界面	第13章 书籍装帧设计	制作时尚杂志封面
	制作社交类App引导页		制作摄影书籍封面
	制作餐饮类App引导页		制作时尚杂志电子书封面
	制作IT互联网App闪屏页		制作青少年读物书籍封面
第10章 Banner设计	制作女包类App主页Banner		制作健康美食书籍封面
	制作空调扇Banner广告		制作成长日记书籍封面
	制作化妆品App主页Banner	第14章 包装设计	制作冰淇淋包装
	制作狗宝宝App主页Banner		制作洗发水包装
	制作生活家具类网站Banner		制作曲奇包装
	制作儿童服饰类网店首页Banner		制作零食包装
第11章 海报设计	制作运动健身公众号宣传海报		制作饮料包装
	制作春之韵巡演海报		制作红酒包装
	制作牛肉面海报	第15章 网页设计	制作家具网站首页
	制作旅游公众号运营海报		制作汽车网站首页
	制作招聘运营海报		制作旅游网站首页
	制作旅行社推广海报		制作生活家具类网站详情页
第12章 H5页面设计	制作金融理财行业推广H5页面		制作甜品网站首页
	制作食品餐饮行业产品营销H5页面		制作绿色粮仓网站首页

CONTENTS 目 录

目 录 CONTENTS

目录 CONTENTS

CONTENTS 目 录

目录 CONTENTS

上篇

基础技能篇

第1章
图像处理基础与选区的应用

本章主要介绍图像处理的基础知识、Photoshop 的工作界面、文件的基本操作方法和选区的应用方法等内容。通过对本章的学习，读者可以快速掌握 Photoshop 的基础理论和基础知识，能够更快、更准确地处理图像。

课堂学习目标

- ✔ 了解图像处理的基础知识
- ✔ 了解工作界面的构成
- ✔ 掌握文件操作的方法和技巧
- ✔ 掌握基础辅助功能的应用技巧
- ✔ 学会运用选框工具选取图像
- ✔ 学会运用"套索"工具选取图像
- ✔ 学会运用"魔棒"工具选取图像
- ✔ 掌握选区的调整方法和应用技巧

1.1 图像处理基础

Photoshop 图像处理的基础知识包括：位图与矢量图、像素、图像尺寸与分辨率、常用的图像文件格式、图像的颜色模式等。掌握这些基础知识，可以了解图像的含义并提高处理图像的速度和准确性。

1.1.1 位图与矢量图

图像文件可以分为两大类：位图和矢量图。在绘图或处理图像过程中，这两种类型的图像可以相互交叉使用。

1. 位图

位图是由许多不同颜色的小方块组成的，每一个小方块称为一个像素。每一个像素都有一个明确的颜色。由于位图采取了点阵的方式，每个像素都能够记录图像的色彩信息，因而可以精确地表现色彩丰富的图像。但图像的色彩越丰富，图像的像素就越多，文件也就越大。因此，处理位图图像时，对计算机硬盘和内存的要求也比较高。

位图与分辨率有关，如果以较大的倍数放大显示图像，或以过低的分辨率打印图像，图像就会出现锯齿状的边缘，并且会丢失细节，效果如图 1-1 与图 1-2 所示。

图 1-1   图 1-2

2. 矢量图

矢量图是以数学的矢量方式来记录图像内容的。矢量图形中的图形元素称为对象，每个对象都是独立的，具有各自的属性。矢量图是由各种线条及曲线或者文字组合而成的。Illustrator、CorelDRAW 等绘图软件创作的都是矢量图。

矢量图与分辨率无关，可以被缩放到任意大小，其清晰度不变，也不会出现锯齿状的边缘。矢量图在任何分辨率下显示或打印，都不会损失细节，效果如图 1-3 与图 1-4 所示。矢量图文件所占的空间较少，但这种图形的缺点是不易制作色调丰富的图片，绘制出来的图形无法像位图那样精确地描绘各种绚丽的景象。

图 1-3   图 1-4

1.1.2　像素

在 Photoshop 中，像素是图像的基本单位。图像是由许多个小方块组成的，每一个小方块就是一个像素，每一个像素只显示一种颜色。它们都有自己明确的位置和色彩数值，即这些小方块的颜色和位置决定该图像所呈现的样子。文件包含的像素越多，文件就越大，图像品质就越好，效果如图 1-5 与图 1-6 所示。

图 1-5   图 1-6

1.1.3 图像尺寸与分辨率

1. 图像尺寸

在制作图像的过程中，我们可以根据制作需求改变图像的尺寸或分辨率。在改变图像尺寸之前要考虑图像的像素是否发生变化。如果图像的像素总量不变，提高分辨率将缩小其打印尺寸，提高打印尺寸将降低其分辨率；如果图像的像素总量发生变化，则可以在加大打印尺寸的同时保持图像的分辨率不变，反之亦然。

选择"图像 > 图像大小"命令，弹出"图像大小"对话框，如图 1-7 所示。取消勾选"重新采样"复选框，此时，"宽度""高度"和"分辨率"项被关联在一起，如图 1-8 所示。在像素总量不变的情况下，将"宽度"和"高度"项的值增大，则"分辨率"项的值就相应地减小，如图 1-9 所示。勾选"重新采样"复选框，将"宽度"和"高度"项的值减小，"分辨率"项的值保持不变，像素总量将变小，如图 1-10 所示。

图 1-7

图 1-8

图 1-9

图 1-10

将图像的尺寸变小后，再将图像恢复到原来的尺寸，将不会得到原始图像的细节，因为 Photoshop 无法恢复已损失的图像细节。

2. 分辨率

分辨率是用于描述图像文件信息的术语。在 Photoshop 中，图像上每单位长度所能显示的像素数目称为图像的分辨率，其单位为"像素/英寸"或者"像素/厘米"。

高分辨率的图像比相同尺寸的低分辨率图像包含的像素多。图像中的像素点越小越密，越能表现出图像色调的细节变化，如图 1-11 与图 1-12 所示。

高分辨率图像	放大后显示效果	低分辨率图像	放大后显示效果
图 1-11		图 1-12	

1.1.4 常用的图像文件格式

在用 Photoshop 制作或处理好一幅图像后，就要进行存储。这时，选择一种合适的文件格式就显得十分重要。Photoshop 中有 20 多种文件格式可供选择。在这些文件格式中，既有 Photoshop 的专用格式，也有用于应用程序交换的文件格式，还有一些比较特殊的格式。下面我们就具体介绍几种常见的文件格式。

1. PSD 格式和 PDD 格式

PSD 格式和 PDD 格式是 Photoshop 软件自身的专用文件格式，能够保存图像数据的细小部分，如图层、蒙版、通道等 Photoshop 对图像进行特殊处理的信息。在没有最终决定图像存储的格式前，最好先以这两种格式存储。另外，Photoshop 打开和存储这两种格式的文件较其他格式的文件更快。但是这两种格式也有缺点，它们所存储的图像文件特别大，占用的磁盘空间较多。

2. TIF 格式

TIF（TIFF）是标签图像格式。TIF 格式具有很强的可移植性，它可以用于 PC、Macintosh 及 UNIX 工作站三大平台，是这三大平台上应用最广泛的绘图格式。存储时可在图 1-13 所示的对话框中进行选择。

图 1-13

用 TIF 格式存储时应考虑到文件的大小，因为 TIF 格式的结构要比其他格式更大、更复杂。但 TIF 格式支持 24 个通道，能存储多于 4 个通道的文件格式。TIF 格式非常适合于印刷和输出。

3. BMP 格式

BMP（Windows Bitmap）格式可以用于绝大多数 Windows 下的应用程序。BMP 格式存储选择对话框如图 1–14 所示。

BMP 格式使用索引色彩，它的图像具有极其丰富的色彩，并可以使用 16MB 色彩渲染图像。BMP 格式能够存储黑白图、灰度图和 16MB 色彩的 RGB 图像等。在存储 BMP 格式的图像文件时，可以进行无损失压缩，能节省磁盘空间。

4. GIF 格式

GIF（Graphics Interchange Format）格式的文件比较小，它形成一种压缩的 8 位图像文件。正因为这样，一般用这种格式的文件来缩短图形的加载时间。如果在网络中传送图像文件，传输 GIF 格式的图像文件要比其他格式的图像文件快得多。

5. JPEG 格式

JPEG 格式既是 Photoshop 支持的一种文件格式，也是一种压缩方案。它是 Macintosh 上常用的一种存储类型。JPEG 格式是压缩格式中的"佼佼者"，但它使用的有损失压缩会使部分数据丢失。用户可以在存储前选择图像的最后质量，这就能控制数据的损失程度。JPEG 格式存储选择对话框如图 1–15 所示。

在"品质"选项的下拉列表中可以选择从低、中、高到最佳 4 种图像压缩品质。以高质量保存图像比其他质量的保存形式占用更大的磁盘空间，而选择低质量保存图像则会损失较多的数据，但占用的磁盘空间较少。

图 1–14

图 1–15

1.1.5　图像的颜色模式

Photoshop 提供了多种颜色模式。这些颜色模式正是我们设计的作品能够在屏幕和印刷品上成功表现的重要保障。在这些颜色模式中，经常使用到的有 CMYK 模式、RGB 模式及灰度模式。另外，还有 Lab 模式、HSB 模式、索引模式、位图模式、双色调模式、多通道模式等。这些模式都可以在模式菜单下选取，每种颜色模式都有不同的色域，并且各个模式之间可以转换。下面，我们就具体介绍几种主要的颜色模式。

1. CMYK 模式

CMYK 代表了印刷上用的 4 种油墨色：C 代表青色，M 代表洋红色，Y 代表黄色，K 代表黑色。CMYK 颜色控制面板如图 1-16 所示。

CMYK 模式在印刷时应用了色彩学中的减法混合原理，即减色模式。它是图片和其他 Photoshop 作品中最常用的一种印刷用颜色模式，因为在印刷中通常都要先进行四色分色，出四色胶片，再进行印刷。

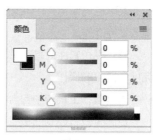

图 1-16

2. RGB 模式

与 CMYK 模式不同的是，RGB 模式是一种加色模式，它通过红、绿、蓝 3 种色光相叠加而形成更多的颜色。RGB 是色光的彩色模式，一幅 24 位的 RGB 图像有 3 个色彩信息的通道：红色（R）、绿色（G）和蓝色（B）。RGB 颜色控制面板如图 1-17 所示。

每个通道都有 8 位二进制的色彩信息——一个 0 到 255 的亮度值色域。也就是说，每一种色彩都有 256 个亮度水平级。3 种色彩相叠加，可以有 256×256×256=1677 万多种可能的颜色。这 1677 万多种颜色足以表现出绚丽多彩的世界。

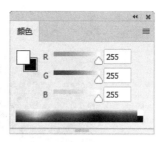

图 1-17

在 Photoshop 中编辑图像时，RGB 颜色模式应是最佳的选择。因为它可以提供全屏幕的多达 24 位的色彩范围，一些计算机领域的色彩专家称之为"True Color"（真彩色）。

3. 灰度模式

灰度模式，又叫 8 位深度图。每个像素用 8 个二进制位表示，能产生 2^8 即 256 级灰色调。当一个彩色文件被转换为灰度模式文件时，所有的颜色信息都将从文件中丢失。尽管 Photoshop 允许将一个灰度文件转换为彩色模式文件，但不可能将原来的颜色完全还原。所以，当要转换为灰度模式时，应先做好图像的备份。

像黑白照片一样，一个灰度模式的图像只有明暗值，没有色相和饱和度这两种颜色信息。0%代表白，100%代表黑。其中的 K 值用于衡量黑色油墨用量，颜色控制面板如图 1-18 所示。

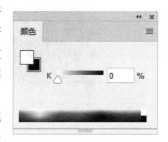

图 1-18

提示：将彩色模式转换为双色调模式（Duotone）或位图模式（Bitmap）时，必须先转换为灰度模式，然后由灰度模式转换为双色调模式或位图模式。

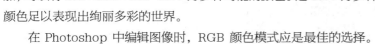

1.2 Photoshop 的工作界面

熟悉工作界面是学习 Photoshop 的基础。熟练了解工作界面的构成，有助于广大初学者日后得心应手地驾驭 Photoshop。

Photoshop 的工作界面主要由菜单栏、属性栏、工具箱、控制面板和状态栏组成，如图 1-19 所示。

菜单栏：菜单栏中共包含 11 个菜单命令。利用菜单命令可以完成编辑图像、调整色彩和添加滤镜效果等操作。

属性栏：属性栏是工具箱中各个工具的功能扩展。通过在属性栏中设置不同的选项，可以快速地完成多样化的操作。

工具箱：工具箱中包含了多个工具。利用不同的工具可以完成图像的绘制、观察和测量等操作。

控制面板：控制面板是 Photoshop 的重要组成部分。通过不同的功能面板，可以完成在图像中填充颜色、设置图层和添加样式等操作。

状态栏：状态栏可以提供当前文件的显示比例、文档大小、当前工具和暂存盘大小等提示信息。

图 1-19

1.3 文件操作

利用 Photoshop 中文件的新建、存储、打开和关闭等基础操作方法，可以对文件进行基本的处理。

1.3.1 新建和存储文件

1. 新建文件

新建图像是使用 Photoshop 进行设计的第一步。如果要在一个空白的图像上绘图，就要在 Photoshop 中新建一个图像文件。

选择"文件 > 新建"命令，或按 Ctrl+N 组合键，弹出"新建文档"对话框，如图 1-20 所示。

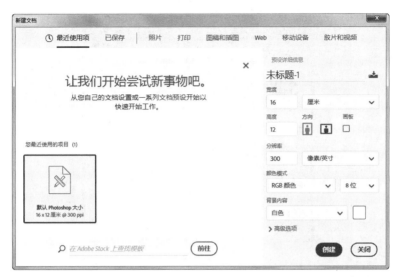

图 1-20

　　根据需要单击上方的类别选项卡，选择需要的预设新建文档；或在右侧的选项中修改图像的名称、宽度、高度、分辨率和颜色模式等，单击图像名称右侧的 按钮，新建文档预设。设置完成后单击"创建"按钮，即可完成图像的新建，如图 1-21 所示。

图 1-21

2. 存储文件

　　编辑和制作完图像后，就需要将图像进行保存，以便于下次打开继续操作。

　　选择"文件 > 存储"命令，或按 Ctrl+S 组合键，可以存储文件。当设计好的作品进行第一次存储时，选择"文件 > 存储"命令，将弹出"另存为"对话框，如图 1-22 所示。在对话框中输入文件名、选择保存类型后，单击"保存"按钮，即可将图像保存。

图 1-22

对已存储过的图像文件进行各种编辑操作后，选择"存储"命令，将不弹出"另存为"对话框，计算机直接保留最终确认的结果，并覆盖原始文件。

如果既要保留修改过的文件，又不想放弃原文件，可以使用"存储为"命令。选择"文件 >存储为"命令，或按 Shift+Ctrl+S 组合键，弹出"另存为"对话框，在对话框中可以为更改过的文件重新命名、选择路径、设定格式，最后进行保存。

1.3.2 打开和关闭文件

1. 打开文件

如果要对照片或图片进行修改和处理，首先要在 Photoshop 中打开所需的图像。

选择"文件 > 打开"命令，或按 Ctrl+O 组合键，弹出"打开"对话框，在对话框中搜索路径和文件，确认文件类型和名称，如图 1-23 所示。单击"打开"按钮，或直接双击文件，即可打开所指定的图像文件，如图 1-24 所示。

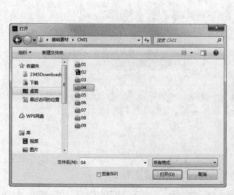

图 1-23

图 1-24

若要同时打开多个文件，可在文件列表中将所需的几个文件同时选中，并单击"打开"按钮，即可按先后次序逐个打开这些文件。

提示：按住 Ctrl 键的同时，用鼠标单击，可以选择不连续的文件；按住 Shift 键的同时，用鼠标单击，可以选择连续的文件。

2. 关闭文件

"关闭"命令只有在当前有文件被打开时才呈现为可用状态。将图像进行存储后，可以将其关闭。

选择"文件 > 关闭"命令，或按 Ctrl+W 组合键，可以关闭文件。关闭图像时，若当前文件被修改过或是新建文件，则会弹出提示框，如图 1-25 所示，单击"是"按钮即可存储并关闭图像。

图 1-25

如果要将打开的图像全部关闭，可以使用"文件 > 关闭全部"命令，或按 Alt+Ctrl+W 组合键。

1.4 基础辅助功能

Photoshop 界面上包括颜色设置及一些辅助性的工具。通过使用颜色设置命令，可以快速地运用需要的颜色绘制图像；通过使用辅助工具，可以快速地对图像进行查看。

1.4.1 颜色设置

1. "拾色器"对话框

单击工具箱中的"设置前景色/设置背景色"图标，弹出"拾色器"对话框，用鼠标在颜色色带上单击或拖曳两侧的三角形滑块，如图 1-26 所示，可以使颜色的色相产生变化。

左侧的颜色选择区：可以选择颜色的明度和饱和度。垂直方向表示的是明度的变化，水平方向表示的是饱和度的变化。

右侧上方的颜色框：显示所选择的颜色。下方是所选颜色的 HSB、RGB、Lab 和 CMYK 值。选择好颜色后，单击"确定"按钮，所选择的颜色将变为工具箱中的前景或背景色。

右侧下方的数值框：可以输入 HSB、RGB、Lab、CMYK 的颜色值，以得到希望的颜色。

"只有 Web 颜色"复选框：勾选此复选框，颜色选择区中出现供网页使用的颜色，如图 1-27 所示。在右侧的数值框 # 000000 中，显示的是网页颜色的数值。

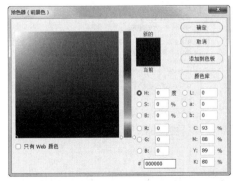

图 1-26

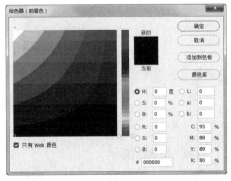

图 1-27

在"拾色器"对话框中单击 颜色库 按钮，弹出"颜色库"对话框，如图 1-28 所示。在对话框中，"色库"下拉菜单中是一些常用的印刷颜色体系，如图 1-29 所示。其中"TRUMATCH"是为印刷设计提供服务的印刷颜色体系。

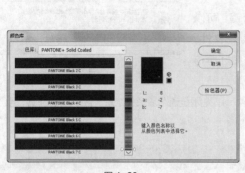

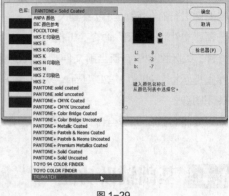

图 1-28　　　　　　　　　　　　　　图 1-29

在"颜色库"对话框中，单击或拖曳颜色色相区域内两侧的三角形滑块，可以使颜色的色相产生变化。在颜色选择区中选择带有编码的颜色，在对话框的右侧上方颜色框中会显示出所选择的颜色，右侧下方是所选择颜色的色值。

2. "颜色"控制面板

选择"窗口 > 颜色"命令，弹出"颜色"控制面板，如图 1-30 所示，从中可以改变前景色和背景色。

单击左侧的设置前景色或设置背景色图标■，确定所调整的是前景色还是背景色，再拖曳三角滑块或在色带中选择所需的颜色，或直接在颜色的数值框中输入数值即可调整颜色。

单击"颜色"控制面板右上方的 ≡ 图标，弹出下拉命令菜单，如图 1-31 所示。此菜单用于设定"颜色"控制面板中显示的颜色模式，可以在不同的颜色模式中调整颜色。

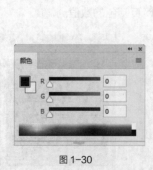

图 1-30　　　　　　　图 1-31

3. "色板"控制面板

选择"窗口 > 色板"命令，弹出"色板"控制面板，如图 1-32 所示，可以从中选取一种颜色来改变前景色或背景色。单击"色板"控制面板右上方的 ≡ 图标，弹出下拉命令菜单，如图 1-33 所示，其中的部分命令介绍如下。

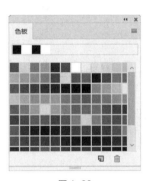

图 1-32　　　　　　　　　图 1-33

新建色板：用于新建一个色板。小型缩览图：可使控制面板显示为小型图标。小/大缩览图：可使控制面板显示为小/大图标。小/大列表：可使控制面板显示为小/大列表。显示最近颜色：可显示最近使用的颜色。预设管理器：用于对色板中的颜色进行管理。复位色板：用于恢复系统的初始设置状态。载入色板：用于向"色板"控制面板中增加色板文件。存储色板：用于将当前"色板"控制面板中的色板文件存入硬盘。存储色板以供交换：用于将当前"色板"控制面板中的色板文件存入硬盘并供交换使用。替换色板：用于替换"色板"控制面板中现有的色板文件。"ANPA 颜色"命令以下都是软件预置的颜色库。

在"色板"控制面板中，将鼠标指针移到空白处，指针变为油漆桶 🖌️，如图 1-34 所示。此时单击鼠标，弹出"色板名称"对话框，如图 1-35 所示。单击"确定"按钮，即可将当前的前景色添加到"色板"控制面板中，如图 1-36 所示。

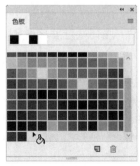

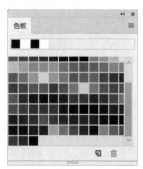

图 1-34　　　　　　　　　图 1-35　　　　　　　　　图 1-36

在"色板"控制面板中，将鼠标指针移到色标上，指针变为吸管 ✐，如图 1-37 所示。此时单击鼠标，将设置吸取的颜色为前景色，如图 1-38 所示。

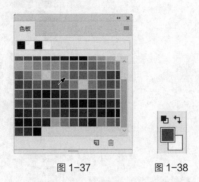

图 1-37 　　　　图 1-38

1.4.2　图像显示效果

在制作图像的过程中，我们可以根据不同的设计需要更改图像的显示效果。

1. 更改屏幕显示模式

要更改屏幕的显示模式，可以在工具箱底部单击"更改屏幕模式"按钮 ⬚，弹出下拉菜单，如图 1-39 所示。反复按 F 键，也可以切换不同的屏幕模式。按 Tab 键，可以关闭除图像和菜单外的其他面板。

2. "缩放"工具

放大显示图像：选择"缩放"工具 🔍，在图像中鼠标指针变为放大图标 🔍，每单击一次鼠标，图像就会放大一倍。如图像以 100% 的比例显示在屏幕上，用鼠标在图像上单击一次，图像则以 200% 的比例显示。

当要放大一个指定的区域时，选择"放大"工具 🔍，按住鼠标不放，选中需要放大的区域后松开鼠标，选中的区域会放大显示并填满图像窗口。取消勾选"细微缩放"复选框，可在图像上框选出矩形选区，如图 1-40 所示，可以将选中的区域放大，效果如图 1-41 所示。

按 Ctrl+ + 组合键，可逐次放大图像，例如从 100% 的显示比例放大到 200%，直至 300%、400%。

缩小显示图像：缩小显示图像，一方面，可以用有限的屏幕空间显示出更多的图像，另一方面，可以看到一个较大图像的全貌。

选择"缩放"工具 🔍，在图像中鼠标指针变为"放大"工具图标 🔍；按住 Alt 键不放，鼠标指针变为"缩小"工具图标 🔍。每单击一次鼠标，图像将缩小一倍显示。按 Ctrl+ – 组合键，可逐次缩小图像。

也可在"缩放"工具属性栏中单击"缩小"工具按钮 🔍，则鼠标指针变为"缩小"工具图标 🔍，每单击一次鼠标，图像将缩小一半显示。

图 1-39 　　　　　　图 1-40 　　　　图 1-41

技巧：当正在使用工具箱中的其他工具时，按住 Alt+Space 组合键，可以快速切换到"缩小"工具 🔍，进行缩小显示的操作。

3. "抓手"工具

选择"抓手"工具 🖐，在图像中鼠标指针变为抓手 🖐，在放大的图像中拖曳鼠标，可以观察图像的每个部分，效果如图 1-42 所示。直接用鼠标拖曳图像周围的垂直和水平滚动条，也可观察图像的每个部分，效果如图 1-43 所示。

技巧：如果正在使用其他的工具进行工作，按住 Space 键，可以快速切换到"抓手"工具 🖐。

4. 缩放命令

选择"视图 > 放大"命令，可放大显示当前图像。

选择"视图 > 缩小"命令，可缩小显示当前图像。

选择"视图 > 按屏幕大小缩放"命令，可满屏显示当前图像。

图 1-42   图 1-43

选择"视图 > 100%/200%"命令，可以按 100%或 200%的倍率显示当前图像。

选择"视图 > 打印尺寸"命令，可以按实际的打印尺寸显示当前图像。

1.4.3 标尺与参考线

标尺和参考线的设置可以使图像处理更加精确，而实际设计任务中的许多问题也需要使用标尺和参考线来解决。

1. 标尺

选择"编辑 > 首选项 > 单位与标尺"命令，弹出相应的对话框，如图 1-44 所示，各选项组介绍如下。

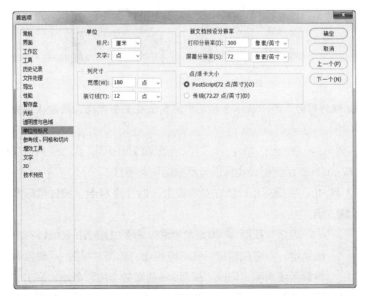

图 1-44

单位：用于设置标尺和文字的显示单位，有不同的显示单位供选择。

新文档预设分辨率：用于设置新建文档的预设分辨率。

列尺寸：用于设置导入到排版软件的图像所占据的列宽度和装订线的尺寸。

点/派卡大小：与输出有关的参数。

选择"视图 > 标尺"命令，或按 Ctrl+R 组合键，可以显示或隐藏标尺，如图 1-45 与图 1-46 所示。

图 1-45　　　　　　　　　图 1-46

2. 参考线

将鼠标指针放在水平标尺上，按住鼠标不放，向下拖曳出水平的参考线，效果如图 1-47 所示。将鼠标指针放在垂直标尺上，按住鼠标不放，向右拖曳出垂直的参考线，效果如图 1-48 所示。

图 1-47　　　　　　　　　图 1-48

技巧：按住 Alt 键的同时，可以从水平标尺中拖曳出垂直参考线，或者从垂直标尺中拖曳出水平参考线。

选择"视图 > 显示 > 参考线"命令，可以显示或隐藏参考线。此命令只有在存在参考线的前提下才能应用。反复按 Ctrl+; 组合键，也可以显示或隐藏参考线。

选择"移动"工具 ⊕，将鼠标指针放在参考线上，指针变为 ÷，按住鼠标拖曳，可以移动参考线。

图 1-49

选择"视图 > 锁定参考线"命令或按 Alt+Ctrl+; 组合键，可以将参考线锁定。参考线锁定后将不能移动。选择"视图 > 清除参考线"命令，可以将参考线清除。选择"视图 > 新建参考线"命令，弹出"新建参考线"对话框，如图 1-49 所示。设定后单击"确定"按钮，图像中出现新建的参考线。

提示：在实际制作过程中，要精确地利用标尺和参考线，在设定时可以参考"信息"控制面板中的数值。

1.5 选框工具

使用选框工具可以在图像或图层中绘制规则的选区，选取规则的图像。

1.5.1 "矩形选框"工具

选择"矩形选框"工具 [::]，或反复按 Shift+M 组合键，属性栏状态如图 1-50 所示。

图 1-50

"新选区"按钮 ▣：去除旧选区，绘制新选区。

"添加到选区"按钮 ▢：在原有选区的上面增加新的选区。

"从选区减去"按钮 ▢：在原有选区上减去新选区的部分。

"与选区交叉"按钮 ▢：选择新旧选区重叠的部分。

"羽化"数值项：用于设定选区边界的羽化程度。

"消除锯齿"复选框：用于清除选区边缘的锯齿。

"样式"选项：用于选择类型。"正常"选项为标准类型；"固定比例"选项用于设定长宽比例；"固定大小"选项用于固定矩形选框的长度和宽。

"宽度"和"高度"数值项：用来设定宽度和高度。

"选择并遮住"按钮：创建或调整选区。

选择"矩形选框"工具 [::]，在图像中适当的位置单击并按住鼠标不放，向右下方拖曳鼠标可绘制矩形选区，绘制完成后释放鼠标，如图 1-51 所示。按住 Shift 键的同时，在图像中可以绘制出正方形选区，如图 1-52 所示。

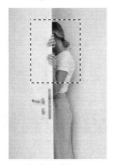
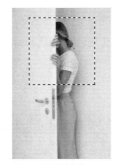

图 1-51   图 1-52

1.5.2 "椭圆选框"工具

选择"椭圆选框"工具 ◯，或反复按 Shift+M 组合键，属性栏状态如图 1-53 所示。

图 1-53

选择"椭圆选框"工具 ◯，在图像窗口中适当的位置单击并按住鼠标不放，拖曳鼠标可绘制椭圆选区，绘制完成后释放鼠标，如图 1-54 所示。按住 Shift 键的同时，在图像窗口拖曳鼠标中可以绘制圆形选区，如图 1-55 所示。

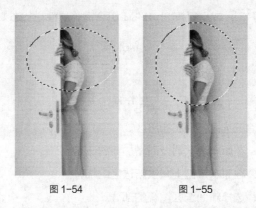

图 1-54   图 1-55

在属性栏中将"羽化"数值项设为 0 时，绘制并填充选区后，效果如图 1-56 所示；将"羽化"数值项设为 100 时，绘制并填充选区后，效果如图 1-57 所示。

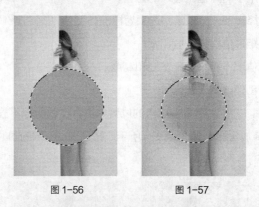

图 1-56   图 1-57

提示：" 椭圆选框"工具属性栏中的选项作用和"矩形选框"工具属性栏中的相同，这里不再赘述。

1.6 套索工具

使用套索工具可以在图像或图层中绘制不规则的选区，选取不规则的图像。

1.6.1 使用"套索"工具

选择"套索"工具 ，或反复按 Shift+L 组合键，其属性栏状态如图 1-58 所示。

图 1-58

选择"套索"工具 ，在图像中的适当位置单击鼠标并按住不放，拖曳鼠标在图像周围进行绘制，如图 1-59 所示。释放鼠标，选择区域自动封闭生成选区，效果如图 1-60 所示。

图 1-59   图 1-60

1.6.2 使用"多边形套索"工具

选择"多边形套索"工具 ，或反复按 Shift+L 组合键，其属性栏中的选项与"套索"工具属性栏相同，这里不再赘述。

选择"多边形套索"工具 ，在图像中单击设置所选区域的起点，接着单击设置选择区域的其他点，效果如图 1-61 所示。将鼠标指针移回到起点，"多边形套索"工具显示为图标 ，如图 1-62 所示，单击鼠标即可封闭选区，效果如图 1-63 所示。

图 1-61   图 1-62   图 1-63

在图像中使用"多边形套索"工具 绘制选区时，按 Enter 键，可封闭选区；按 Esc 键，可取消选区；按 Delete 键，可删除刚刚单击建立的选区点。

提示：在图像中使用"多边形套索"工具 绘制选区时，按住 Alt 键，可以暂时切换为"套索"工具 来绘制选区；松开 Alt 键，切换为"多边形套索"工具 继续绘制。

1.6.3 使用"磁性套索"工具

选择"磁性套索"工具 ，或反复按 Shift+L 组合键，其属性栏状态如图 1-64 所示。

图 1-64

"宽度"数值项：用于设定套索检测范围，"磁性套索"工具将在这个范围内选取反差最大的边缘。

"对比度"数值项：用于设定选取边缘的灵敏度，数值越大，则要求边缘与背景的反差越大。

"频率"数值项：用于设定选取点的速率，数值越大，标记速率越快，标记点越多。

☑按钮：用于设定专用绘图板的笔刷压力。

选择"磁性套索"工具 ❷，在图像中的适当位置单击鼠标并按住不放，根据选取图像的形状拖曳鼠标，选取图像的磁性轨迹会紧贴图像的内容，如图 1-65 所示。将鼠标指针移回到起点，如图 1-66 所示，单击即可封闭选区，效果如图 1-67 所示。

图 1-65　　　　　　　　　　　图 1-66　　　　　　　　　　　图 1-67

在图像中使用"磁性套索"工具 ❷ 绘制选区时，按 Enter 键，可封闭选区；按 Esc 键，可取消选区；按 Delete 键，可删除刚刚单击建立的选区点。

提示：在图像中使用"磁性套索"工具 ❷ 绘制选区时，按住 Alt 键，可以暂时切换为"套索"工具 ♀ 绘制选区；松开 Alt 键，切换为"磁性套索"工具 ❷ 继续绘制选区。

1.6.4　课堂案例——制作时尚美食类电商 Banner

【案例学习目标】学习使用不同的选区工具来选择不同外形的图像，并应用"移动"工具将其合成为 Banner。

【案例知识要点】使用"椭圆选框"工具、"磁性套索"工具、"多边形套索"工具和"魔棒"工具抠出美食，使用"移动"工具合成图像。最终效果如图 1-68 所示。

【效果所在位置】Ch01/效果/制作时尚美食类电商 Banner.psd。

图 1-68

（1）按 Ctrl+O 组合键，打开本书云盘中的"Ch01 > 素材 > 制作时尚美食类电商 Banner > 02"文件，如图 1-69 所示。选择"椭圆选框"工具 ○，在 02 图像窗口中沿着美食边缘拖曳鼠标绘制选区，如图 1-70 所示。

 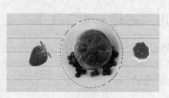

图 1-69　　　　　　　　　　　图 1-70

（2）按 Ctrl + O 组合键，打开本书云盘中的"Ch01 > 素材 > 制作时尚美食类电商 Banner > 01"文件，如图 1-71 所示。选择"移动"工具 ⊕，将 02 图像窗口选区中的图像拖曳到 01 图像窗口中适当的位置，如图 1-72 所示。在"图层"控制面板中生成新图层，将其命名为"布丁"。

图 1-71

图 1-72

（3）选择"磁性套索"工具 ，在 02 图像窗口中沿着美食边缘拖曳鼠标绘制选区，如图 1-73 所示。选择"移动"工具 ⊕，将 02 图像窗口选区中的图像拖曳到 01 图像窗口中适当的位置，如图 1-74 所示。在"图层"控制面板中生成新图层，将其命名为"草莓"。

图 1-73

图 1-74

（4）选择"多边形套索"工具 ，在 02 图像窗口中沿着食品边缘单击鼠标绘制选区，如图 1-75 所示。选择"移动"工具 ⊕，将 02 图像窗口选区中的图像拖曳到 01 图像窗口中适当的位置，如图 1-76 所示。在"图层"控制面板中生成新图层，将其命名为"酱"。

图 1-75

图 1-76

（5）按 Ctrl + O 组合键，打开本书云盘中的"Ch01 > 素材 > 制作时尚美食类电商 Banner > 03"文件。选择"魔棒"工具 ，在属性栏中将"容差"项设为 50 像素，在图像窗口中的背景区域单击，图像周围生成选区，如图 1-77 所示。选中属性栏中的"添加到选区"按钮 ，在左上角再次单击生成选区，如图 1-78 所示。

（6）按 Shift+Ctrl+I 组合键，将选区反选，如图 1-79 所示。选择"移动"工具 ⊕，将 03 图像窗口选区中的图像拖曳到 01 图像窗口中适当的位置，如图 1-80 所示。在"图层"控制面板中生成新图层，将其命名为"巧克力"。时尚美食类电商 Banner 制作完成。

图 1-77   图 1-78

图 1-79   图 1-80

1.7 "魔棒"工具

"魔棒"工具可以用来选取图像中的某一点，并将与这一点颜色相同或相近的点自动选取到选区当中。

1.7.1 使用"魔棒"工具

选择"魔棒"工具 ，或按 W 键，其属性栏状态如图 1-81 所示。

图 1-81

"连续"复选框：用于选择单独的色彩范围。

"对所有图层取样"复选框：用于将所有可见层中颜色容许范围内的色彩加入选区。

选择"魔棒"工具 ，在图像中单击需要选择的颜色区域，即可得到需要的选区，如图 1-82 所示。调整属性栏中的容差值，再次单击需要选择的颜色区域，不同容差值的选区效果如图 1-83 所示。

图 1-82   图 1-83

1.7.2　课堂案例——制作旅游出行公众号首图

【案例学习目标】学习使用"魔棒"工具和选区调整命令制作公众号首图。

【案例知识要点】使用"魔棒"工具和"移动"工具更换背景，使用"矩形选框"工具、Alt+Delete 组合键和"图层"控制面板制作装饰矩形，使用"收缩"命令和"描边"命令制作装饰框，使用"移动"工具添加文字。最终效果如图 1-84 所示。

【效果所在位置】Ch01/效果/制作旅游出行公众号首图.psd。

图 1-84

（1）按 Ctrl+O 组合键，打开本书云盘中的"Ch01 > 素材 > 制作旅游出行公众号首图 > 01、02"文件，如图 1-85 和图 1-86 所示。

图 1-85　　　　　　　　　　　　　　　　　图 1-86

（2）选择"01"文件，双击"背景"图层，弹出"新建图层"对话框，设置如图 1-87 所示。单击"确定"按钮，将"图片"图层转换为普通图层，如图 1-88 所示。

图 1-87　　　　　　　　　　　　　　　　　图 1-88

（3）选择"魔棒"工具 ，选中属性栏中的"添加到选区"按钮 ，在 01 图像窗口中的天空区域多次单击，图像周围生成选区，如图 1-89 所示。按 Delete 键，将选区中的图像删除。按 Ctrl+D 组合键，取消选区，效果如图 1-90 所示。

图 1-89

图 1-90

（4）选择"移动"工具，将 02 图像拖曳到 01 图像窗口中适当的位置。在"图层"控制面板中生成新图层，将其命名为"天空"，如图 1-91 所示。将"天空"图层拖曳到"图片"图层的下方，如图 1-92 所示，图像效果如图 1-93 所示。

图 1-91　　　　图 1-92

图 1-93

（5）新建图层并将其命名为"矩形"。将前景色设为黑色。选择"矩形选框"工具，在图像窗口中拖曳鼠标绘制矩形选区，如图 1-94 所示。按 Alt+Delete 组合键，用前景色填充选区。在"图层"控制面板上方，将该图层的"不透明度"选项设为 25%，如图 1-95 所示。按 Enter 键确认操作，图像效果如图 1-96 所示。

图 1-94

图 1-95

图 1-96

（6）选择"选择 > 修改 > 收缩"命令，在弹出的对话框中进行设置，如图 1-97 所示。单击"确定"按钮，效果如图 1-98 所示。

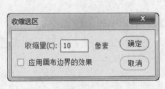
图 1-97

图 1-98

（7）新建图层并将其命名为"边框"。选择"编辑 > 描边"命令，弹出"描边"对话框。将"宽度"项设为 1 像素，"颜色"选项设为白色，其他选项的设置如图 1-99 所示。单击"确定"按钮，为选区添加描边。按 Ctrl+D 组合键，取消选区，效果如图 1-100 所示。

图 1-99

图 1-100

（8）按 Ctrl＋O 组合键，打开本书云盘中的"Ch01＞ 素材 ＞ 制作旅游出行公众号首图＞03"文件。选择"移动"工具 ⊕，将 03 图片拖曳到 01 图像窗口中适当的位置，效果如图 1-101 所示。在"图层"控制面板中生成新的图层，将其命名为"文字"。旅游出行公众号首图制作完成，效果如图 1-102 所示。

图 1-101

图 1-102

1.8 选区的调整

我们可以根据需要对选区进行增加、减小、羽化、反选等操作，从而达到制作的要求。

1.8.1 增加或减小选区

选择"椭圆选框"工具 ○，在图像上绘制选区，如图 1-103 所示。再选择"矩形选框"工具 □，按住 Shift 键的同时，拖曳鼠标绘制出增加的矩形选区，如图 1-104 所示。增加后的选区效果如图 1-105 所示。

图 1-103   图 1-104   图 1-105

选择"椭圆选框"工具 ⬭，在图像上绘制选区。选择"矩形选框"工具 ⬚，按住 Alt 键的同时，拖曳鼠标绘制出矩形选区，如图 1-106 所示。减小后的选区效果如图 1-107 所示。

图 1-106   图 1-107

1.8.2　羽化选区

在图像中绘制选区，如图 1-108 所示。选择"选择 > 修改 > 羽化"命令，弹出"羽化选区"对话框。设置羽化半径的数值，如图 1-109 所示。单击"确定"按钮，选区被羽化。将选区反选，效果如图 1-110 所示，在选区中填充颜色后，效果如图 1-111 所示。

图 1-108   图 1-109

图 1-110   图 1-111

还可以在绘制选区前，在工具的属性栏中直接输入羽化的数值。此时，绘制的选区自动成为带有羽化边缘的选区。

1.8.3　反选选区

选择"选择 > 反向"命令，或按 Shift+Ctrl+I 组合键，可以对当前的选区进行反向选取，效果如图 1-112 和图 1-113 所示。

图 1-112　　　　　　　　　　　　　　　图 1-113

1.8.4　取消选区

选择"选择 > 取消选择"命令，或按 Ctrl+D 组合键，可以取消选区。

1.8.5　移动选区

将鼠标指针放在选区中，鼠标指针变为 ⊞ 图标，如图 1-114 所示。按住鼠标并进行拖曳，鼠标指针变为 ▶ 图标，可将选区拖曳到其他位置，如图 1-115 所示。释放鼠标，即可完成选区的移动，效果如图 1-116 所示。

图 1-114　　　　　　　　　　　图 1-115　　　　　　　　　　　图 1-116

当使用"矩形选框"和"椭圆选框"工具绘制选区时，不要释放鼠标，按住 Space 键的同时拖曳鼠标，即可移动选区。绘制出选区后，使用键盘中的方向键，可以将选区沿各方向每次移动 1 个像素；绘制出选区后，使用 Shift+方向组合键，可以将选区沿各方向每次移动 10 个像素。

课堂练习——制作文化传媒公众号封面次图

【练习知识要点】使用"置入嵌入对象"命令和"移动"工具添加底图和剪影，使用"色彩范围"命令抠出剪影。最终效果如图 1-117 所示。

【效果所在位置】Ch01/效果/制作文化传媒公众号封面次图.psd。

图 1-117

课后习题——制作果汁广告

【习题知识要点】使用"魔棒"工具抠出背景喷溅的果汁、橘子和文字；使用"磁性套索"工具抠出果汁瓶，使用"多边形套索"工具、"载入选区"命令、"收缩选区"和"羽化选区"命令制作投影，使用"移动"工具添加图片和文字。最终效果如图 1-118 所示。

【效果所在位置】Ch01/效果/制作果汁广告.psd。

图 1-118

第 2 章
绘制、修饰与编辑图像

本章主要介绍绘制、修饰和编辑图像的方法和技巧。通过本章的学习，读者可以应用"画笔"工具和"填充"命令绘制出丰富多彩的图像效果，使用"仿制图章""污点修复画笔""红眼"等工具修复有缺陷的图像，使用"图像大小""拷贝""粘贴"等命令和"移动""裁剪"等工具编辑和调整图像。

课堂学习目标

✔ 掌握绘制图像的方法和技巧
✔ 掌握修饰图像的方法和技巧
✔ 掌握编辑图像的方法和技巧

2.1 绘制图像

熟练使用绘图工具和填充工具是绘制和编辑图像的基础。"画笔"工具可以用于绘制出各种绘画效果，"铅笔"工具可以用于绘制出各种硬边效果，"渐变"工具可以用于创建多种颜色间的渐变效果，"定义图案"命令可以用于用户自定义的图案填充图形，"描边"命令可以用于为选区描边。

2.1.1 "画笔"工具

应用不同的画笔形状、设置不同的画笔不透明度和画笔模式，可以绘制出多姿多彩的图像效果。

1. 使用"画笔"工具

选择"画笔"工具 ，或反复按 Shift+B 组合键，其属性栏的状态如图 2-1 所示。

图 2-1

"画笔选项" ：用于选择和设定预设的画笔。

"模式"选项：用于选择绘画颜色与下面现有像素的混合模式。

"不透明度"选项：用于设定画笔颜色的不透明度。

按钮：可以对不透明度使用压力。

"流量"选项：用于设定喷笔压力，压力越大，喷色越浓。

按钮：可以启用喷枪模式绘制效果。

"平滑"选项：用于设定画笔边缘的平滑度。

按钮：可以设定其他平滑度选项。

按钮：可以使用压感笔压力。能够覆盖"画笔"控制面板中的"不透明度"和"大小"的设置。

按钮：可以选择和设置绘画的对称选项。

在属性栏中单击"画笔"选项右侧的按钮，弹出图 2-2 所示的画笔选择面板，可以从中选择画笔形状。拖曳"大小"选项下方的滑块或直接输入数值，可以设定画笔的大小。如果选择的画笔是基于样本的，将显示"恢复到原始大小"按钮，单击此按钮，可以使画笔的大小恢复到初始大小。

单击画笔选择面板右上方的 按钮，弹出下拉菜单，如图 2-3 所示。

图 2-2   图 2-3

"新建画笔预设"命令：用于建立新画笔。

"新建画笔组"命令：用于建立新的画笔组。

"重命名 画笔"命令：用于重新命名画笔。

"删除 画笔"命令：用于删除当前选中的画笔。

"画笔名称"命令：在画笔选择面板中显示画笔名称。

"画笔描边"命令：在画笔选择面板中显示画笔描边。

"画笔笔尖"命令：在画笔选择面板中显示画笔笔尖。

"显示其他预设信息"命令：在画笔选择面板中显示其他预设信息。

"显示近期画笔"命令：在画笔选择面板中显示近期使用过的画笔。

"预设管理器"命令：用于在弹出的"预置管理器"对话框中编辑画笔。

"恢复默认画笔"命令：用于恢复默认状态的画笔。

"导入画笔"命令：用于将存储的画笔载入面板。

"导出选中的画笔"命令：用于将选取的画笔存储导出。

"获取更多画笔"命令：用于在官网上获取更多的画笔形状。

"转换后的旧版工具预设"命令：将转换后的旧版工具预设画笔集恢复为画笔预设列表。

"旧版画笔"命令：将旧版的画笔集恢复为画笔预设列表。

2. 使用"画笔"控制面板

我们可以应用"画笔"控制面板为画笔定义不同的形状与渐变颜色，从而绘制出多样的画笔图形。

单击属性栏中的 按钮，或选择"窗口 > 画笔设置"命令，弹出"画笔设置"控制面板，单击"画笔"按钮，弹出控制面板，如图 2-4 所示。在"画笔"控制面板的画笔选择框中单击需要的画笔后，在"画笔设置"控制面板单击左侧的其他选项，可以设定不同的样式。在"画笔设置"控制面板下方还提供了一个预览画笔效果的窗口，可预览设置的效果。

"画笔笔尖形状"控制面板可以设定画笔的形状。在"画笔设置"控制面板中，单击"画笔笔尖形状"选项，切换到相应的控制面板，如图 2-5 所示。

"大小"选项：用于设定画笔的大小。

"角度"数值项：用于设定画笔的倾斜角度。

"圆度"数值项：用于设定画笔的圆滑度。在右侧的预览窗口中可以观察和调整画笔的角度和圆滑度。

"硬度"选项：用于设定画笔所画图像边缘的柔化程度。硬度的数值用百分比表示。

"间距"选项：用于设定画笔画出的标记点之间的距离。

单击"形状动态"选项，切换到相应的控制面板，如图 2-6 所示。

图 2-4

图 2-5

图 2-6

"大小抖动"选项：用于设定动态元素的自由随机度。数值设置为 100% 时，画笔绘制的元素会出现最大的自由随机度；数值设置为 0% 时，画笔绘制的元素没有变化。

"控制"选项：在其下拉列表中可以选择多个选项，用来控制动态元素的变化，包括关、渐隐、钢笔压力、钢笔斜度和光笔轮 5 个选项。

"最小直径"选项：用来设定画笔标记点的最小尺寸。

"角度抖动""控制"选项：用于设定画笔在绘制线条的过程中标记点角度的动态变化效果。在"控制"选项的下拉列表中，可以选择各个选项，用来控制抖动角度的变化。

"圆度抖动""控制"选项：用于设定画笔在绘制线条的过程中标记点圆度的动态变化效果。在

"控制"选项的下拉列表中，可以选择多个选项，用来控制圆度抖动的变化。

"最小圆度"选项：用于设定画笔标记点的最小圆度。

"散布"控制面板可以设定画笔绘制的线条中标记点的效果。在"画笔设置"控制面板中，单击"散布"选项，切换到相应的控制面板，如图 2-7 所示。

"散布"选项：用于设定画笔绘制的线条中标记点的分布效果。不勾选"两轴"复选框，则标记点的分布与画笔绘制的线条方向垂直；勾选"两轴"复选框，则标记点将以放射状分布。

"数量"选项：用于设定每个空间间隔中标记点的数量。

"数量抖动"选项：用于设定每个空间间隔中标记点的数量变化。在"控制"选项的下拉列表中可以选择各个选项，用来控制数定抖动的变化。

"颜色动态"控制面板用于设定画笔绘制过程中颜色的动态变化情况。在"画笔设置"控制面板中，单击"颜色动态"选项，切换到相应的控制面板，如图 2-8 所示。

"前景/背景抖动"选项：用于设定画笔绘制的线条在前景色和背景色之间的动态变化。

"色相抖动"选项：用于设定画笔绘制线条的色相动态变化范围。

"饱和度抖动"选项：用于设定画笔绘制线条的饱和度动态变化范围。

"亮度抖动"选项：用于设定画笔绘制线条的亮度动态变化范围。

"纯度"选项：用于设定颜色的纯度。

单击"传递"选项，切换到相应的控制面板，如图 2-9 所示。

"不透明度抖动"选项：用于设定画笔绘制线条的不透明度的动态变化情况。

"流量抖动"选项：用于设定画笔绘制线条的流畅度的动态变化情况。

单击"画笔设置"控制面板右上方的 ≡ 图标，弹出图 2-10 所示的菜单，应用菜单中的命令可以设置"画笔设置"控制面板。

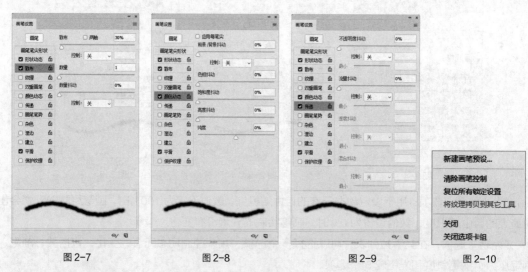

图 2-7　　　　　　图 2-8　　　　　　图 2-9　　　　　　图 2-10

2.1.2 　"铅笔"工具

选择"铅笔"工具 ✎ ，或反复按 Shift+B 组合键，其属性栏的状态如图 2-11 所示。

图 2-11

"自动抹除"复选框：用于自动判断绘画时的起始点颜色。如果起始点颜色为背景色，则铅笔工具将以前景色进行绘制；如果起始点颜色为前景色，则铅笔工具将以背景色进行绘制。

2.1.3 "渐变"工具

选择"渐变"工具，或反复按 Shift+G 组合键，其属性栏的状态如图 2-12 所示。

图 2-12

"点按可编辑渐变"选项：用于选择和编辑渐变的色彩。

按钮：用于选择各类型的渐变，包括线性渐变、径向渐变、角度渐变、对称渐变、菱形渐变。

"模式"选项：用于选择着色的模式。

"不透明度"选项：用于设定不透明度。

"反向"复选框：用于产生反向色彩渐变的效果。

"仿色"复选框：用于使渐变更平滑。

"透明区域"复选框：用于产生不透明度。

如果要自定义渐变形式和色彩，可单击"点按可编辑渐变"选项，在弹出的"渐变编辑器"对话框中进行设置，如图 2-13 所示。

图 2-13

在"渐变编辑器"对话框中，单击颜色编辑框下方的适当位置，可以增加颜色色标，如图 2-14 所示。可以在对话框下方的"颜色"选项中选择颜色，或双击刚建立的颜色色标，弹出"拾色器"对话框，在其中选择适当的颜色，如图 2-15 所示。单击"确定"按钮，颜色即可改变。颜色的位置也可以进行调整，在"位置"数值项的数值框中输入数值或用鼠标直接拖曳颜色色标，都可以调整颜色色标的位置。

图 2-14

图 2-15

任意选择一个颜色色标，如图 2-16 所示，单击对话框下方的 删除(D) 按钮，或按 Delete 键，可以将颜色色标删除，如图 2-17 所示。

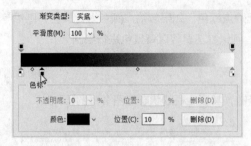

图 2-16

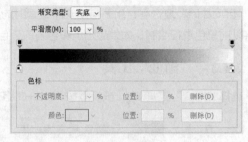

图 2-17

在对话框中单击颜色编辑框左上方的黑色色标，如图 2-18 所示，调整"不透明度"选项的数值，可以使开始的颜色到结束的颜色显示为半透明的效果，如图 2-19 所示。

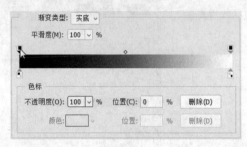

图 2-18

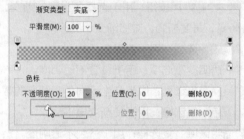

图 2-19

在对话框中单击颜色编辑框的上方，出现新的色标，如图 2-20 所示。调整"不透明度"选项的数值，可以使新色标的颜色向两边的颜色出现过渡式的半透明效果，如图 2-21 所示。如果想删除新的色标，单击对话框下方的 删除(D) 按钮，或按 Delete 键即可。

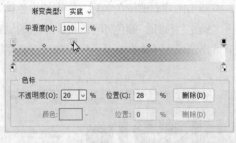

图 2-20

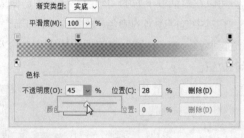

图 2-21

2.1.4　课堂案例——制作摄影公众号封面首图

【案例学习目标】学习使用"渐变"工具和"移动"工具制作公众号封面首图。

【案例知识要点】使用"渐变"工具制作彩虹，使用"橡皮擦"工具和"不透明度"选项制作渐隐效果，使用"混合模式"选项改变彩虹的颜色。最终效果如图 2-22 所示。

【效果所在位置】Ch02/效果/制作摄影公众号封面首图.psd。

图 2-22

（1）按 Ctrl+O 组合键，打开本书云盘中的"Ch02 > 素材 > 制作摄影公众号封面首图 > 01"文件，如图 2-23 所示。新建图层并将其命名为"彩虹"。选择"渐变"工具 ，在属性栏中单击"渐变"图标右侧的按钮 ，在弹出的面板中选中"圆形彩虹"渐变，如图 2-24 所示。

图 2-23   图 2-24

（2）在图像窗口中由中心向下拖曳渐变色，效果如图 2-25 所示。按 Ctrl+T 组合键，图形周围出现变换框。适当调整控制手柄将图形变形。将鼠标指针置于控制手柄外侧，拖曳鼠标旋转其角度。按 Enter 键确认操作，如图 2-26 所示。

图 2-25   图 2-26

（3）选择"橡皮擦"工具 ，在属性栏中单击"画笔"选项右侧的按钮 ，弹出画笔选择面板。选择需要的画笔形状，设置如图 2-27 所示。在图像窗口中拖曳鼠标擦除不需要的图像，效果如图 2-28 所示。

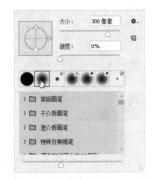

图 2-27   图 2-28

（4）在"图层"控制面板上方，将"彩虹"图层的混合模式选项设为"滤色"，"不透明度"选项设为60%，如图2-29所示。按Enter键确认操作，效果如图2-30所示。

图2-29

图2-30

（5）新建图层并将其命名为"画笔"。将前景色设为白色。按Alt+Delete组合键，用前景色填充图层。在"图层"控制面板上方，将"画笔"图层的混合模式选项设为"溶解"，"不透明度"选项设为30%，如图2-31所示。按Enter键确认操作，效果如图2-32所示。

图2-31

图2-32

（6）选择"橡皮擦"工具，在属性栏中单击"画笔"选项右侧的按钮，弹出画笔选择面板。选择需要的画笔形状，设置如图2-33所示。在图像窗口中拖曳鼠标擦除不需要的图像，效果如图2-34所示。

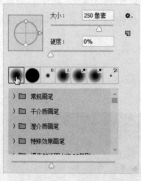

图2-33

图2-34

（7）按Ctrl+O组合键，打开本书云盘中的"Ch02＞素材＞制作摄影公众号封面首图＞02"文件。选择"移动"工具，将02图像窗口中选区中的图像拖曳到01图像窗口中适当的位置，如

图 2-35 所示。在"图层"控制面板中生成新图层，将其命名为"文字"。摄影公众号封面首图制作完成。

图 2-35

2.1.5 自定义图案

在图像上绘制出要定义为图案的选区，如图 2-36 所示。选择"编辑 > 定义图案"命令，弹出"图案名称"对话框，如图 2-37 所示。单击"确定"按钮，图案定义完成。删除选区中的图像，取消选区。

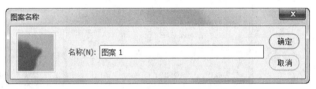

图 2-36   图 2-37

选择"编辑 > 填充"命令，弹出"填充"对话框，在"自定图案"选择框中选择新定义的图案，如图 2-38 所示。单击"确定"按钮，图案填充的效果如图 2-39 所示。

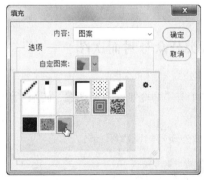

图 2-38   图 2-39

2.1.6 "描边"命令

选择"编辑 > 描边"命令，弹出"描边"对话框，如图 2-40 所示，各选项组介绍如下。
描边：用于设定边线的宽度和颜色。

位置：用于设定所描边线相对于区域边缘的位置，包括内部、居中、居外 3 个单选项。

混合：用于设置描边模式和不透明度。

选中要描边的图片，载入选区，效果如图 2-41 所示。选择"编辑 > 描边"命令，弹出"描边"对话框，如图 2-42 所示进行设定，单击"确定"按钮。按 Ctrl+D 组合键，取消选区，图片描边的效果如图 2-43 所示。

图 2-40

图 2-41

图 2-42

图 2-43

2.1.7 课堂案例——制作旅游出行类公众号封面次图

【案例学习目标】学习使用"填充"命令制作公众号封面次图。

【案例知识要点】使用"定义图案"命令和"填充"命令制作背景图案，使用"移动"工具和"描边"命令添加文字。最终效果如图 2-44 所示。

【效果所在位置】Ch02/效果/制作旅游出行类公众号封面次图.psd。

图 2-44

（1）按 Ctrl＋N 组合键，新建一个文件，宽度为 200 像素，高度为 200 像素，分辨率为 72 像素/英寸，颜色模式为 RGB，背景内容为橙色（250、176、18）。单击"创建"按钮，如图 2-45 所示。

（2）按 Ctrl+O 组合键，打开本书云盘中的"Ch02 > 素材 > 制作旅游出行类公众号封面次图 > 01"文件，如图 2-46 所示。选择"编辑 > 定义图案"命令，在弹出的对话框中进行设置，如图 2-47 所示。单击"确定"按钮，定义图案。

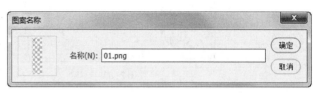

图 2-45   图 2-46   图 2-47

（3）选择新建的文件，新建图层并将其命名为"图案"。选择"编辑 > 填充"命令，在弹出的对话框中进行选择，如图 2-48 所示。单击"确定"按钮，填充图案，效果如图 2-49 所示。

图 2-48   图 2-49

（4）在"图层"控制面板上方，将该图层的"不透明度"选项设为 50%，如图 2-50 所示。按 Enter 键确认操作，效果如图 2-51 所示。

（5）按 Ctrl＋O 组合键，打开本书云盘中的"Ch02 > 素材 > 制作旅游出行类公众号封面次图 > 02、03"文件。选择"移动"工具 ⊕，将图片 02、03 分别拖曳到新建的图像窗口中适当的位置，效果如图 2-52 所示。在"图层"控制面板中生成新的图层，将其分别命名为"人物"和"文字"。

图 2-50   图 2-51   图 2-52

（6）选择"文字"图层。选择"编辑 > 描边"命令，在弹出的对话框中进行设置，如图 2-53 所示。单击"确定"按钮，效果如图 2-54 所示。旅游出行类公众号封面次图制作完成。

图 2-53   图 2-54

2.2 修饰图像

通过"仿制图章"工具、"修复画笔"工具、"污点修复画笔"工具、"修补"工具和"红眼"工具等可以快速有效地修复有缺陷的图像。

2.2.1 "仿制图章"工具

"仿制图章"工具可以以指定的像素点为复制基准点，将其周围的图像复制到其他地方。选择"仿制图章"工具 ，或反复按 Shift+S 组合键，其属性栏的状态如图 2-55 所示。

图 2-55

"流量"选项：用于设定扩散的速度。

"对齐"复选框：用于控制是否在复制时使用对齐功能。

选择"仿制图章"工具 ，将鼠标指针放在图像中需要复制的位置，按住 Alt 键，指针变为圆形十字图标 ，如图 2-56 所示。单击选定取样点，释放鼠标，在合适的位置单击并按住鼠标不放，拖曳鼠标复制出取样点的图像，效果如图 2-57 所示。

图 2-56   图 2-57

2.2.2 "修复画笔"工具和"污点修复画笔"工具

使用"修复画笔"工具进行修复，可以使修复的效果自然逼真。使用"污点修复"画笔工具可以快速去除图像中的污点和不理想的部分。

1. "修复画笔"工具

选择"修复画笔"工具 ✐，或反复按 Shift+J 组合键，其属性栏的状态如图 2-58 所示。

图 2-58

"画笔"选项 ● ：可以选择和设置修复的画笔。单击此选项，可在弹出的面板中设置画笔的大小、硬度、间距、角度、圆度和压力大小，如图 2-59 所示。

"模式"选项：可以选择复制像素或填充图案与底图的混合模式。

"源"选项：可以设定修复区域的源。选择"取样"按钮后，按住 Alt 键，鼠标指针变为圆形十字图标。单击定下样本的取样点，释放鼠标，在图像中要修复的位置单击并按住鼠标不放，拖曳鼠标可复制出取样点的图像。选择"图案"按钮后，在右侧的选项中可选择图案或自定义图案来填充图像。

图 2-59

"对齐"复选框：勾选此复选框，下一次的复制位置会和上次的完全重合，图像不会因为重新复制而出现错位。

"样本"选项：可以选择样本的取样图层。

 按钮：可以在修复时忽略调整层。

"扩散"选项：可以调整扩散的程度。

"修复画笔"工具可以将取样点的像素信息非常自然地复制到图像需要的位置，并保留图像的亮度、饱和度、纹理等属性。使用"修复画笔"工具修复照片的过程如图 2-60、图 2-61、图 2-62 所示。

图 2-60

图 2-61

图 2-62

2. "污点修复画笔"工具

"污点修复画笔"工具的工作方式与"修复画笔"工具相似，都是使用图像中的样本像素进行绘画，并将样本像素的纹理、光照、透明度和阴影与所要修复的像素相匹配。"污点修复画笔"工具不需要设定样本点，它会自动从所修复区域的周围取样。

选择"污点修复画笔"工具 ✐，或反复按 Shift+J 组合键，其属性栏的状态如图 2-63 所示。

图 2-63

原始图像如图 2-64 所示。选择"污点修复画笔"工具 ，在属性栏中按图 2-65 所示进行设定。在要修复的图像上拖曳鼠标，如图 2-66 所示。释放鼠标，图像被修复，效果如图 2-67 所示。

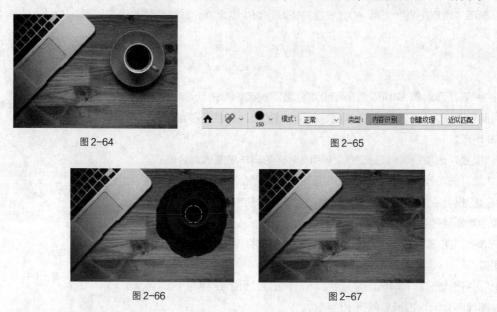

图 2-64   图 2-65

图 2-66   图 2-67

2.2.3 "修补"工具

使用"修补"工具可以用图像中的其他区域来修补当前选中的需要修补的区域，也可以使用图案来进行修补。选择"修补"工具 ，或反复按 Shift+J 组合键，其属性栏的状态如图 2-68 所示。

图 2-68

用"修补"工具 圈选图像中的茶杯，如图 2-69 所示。选择"修补"工具属性栏中的"源"选项，在选区中单击并按住鼠标不放，移动鼠标将选区中的图像拖曳到需要的位置，如图 2-70 所示。释放鼠标，选区中的图像被新选取的图像所修补，效果如图 2-71 所示。按 Ctrl+D 组合键，取消选区，修补的效果如图 2-72 所示。

图 2-69   图 2-70

图 2-71

图 2-72

选择"修补"工具属性栏中的"目标"选项,用"修补"工具 ⬡ 圈选图像中的区域,如图 2-73 所示。再将选区拖曳到要修补的图像区域,如图 2-74 所示,第一次选中的图像修补了茶杯的位置,如图 2-75 所示。按 Ctrl+D 组合键,取消选区,修补效果如图 2-76 所示。

图 2-73   图 2-74

图 2-75   图 2-76

2.2.4 "红眼"工具

使用"红眼"工具可去除拍照时因闪光灯原因造成的人物照片中的红眼,也可以去除因同样原因造成的照片中的白色或绿色反光。

选择"红眼"工具 ⁺◉,或反复按 Shift+J 组合键,其属性栏的状态如图 2-77 所示。

图 2-77

"瞳孔大小"选项:用于设定瞳孔的大小。

"变暗量"选项:用于设定瞳孔的暗度。

2.2.5 课堂案例——制作娱乐媒体类公众号封面次图

【案例学习目标】学习使用多种修图工具修复人物照片。

【案例知识要点】使用"缩放"工具调整图像显示比例,使用"红眼"工具去除人物红眼,使用"污点修复画笔"工具修复雀斑和痘印,使用"修补"工具修复眼袋和颈部皱纹,使用"仿制图章"

工具修复项链。最终效果如图 2-78 所示。

【效果所在位置】Ch02/效果/制作娱乐媒体类公众号封面次图.psd。

图 2-78

（1）按 Ctrl+N 组合键，新建一个文件，宽度为 200 像素，高度为 200 像素，分辨率为 72 像素/英寸，颜色模式为 RGB，背景内容为白色。单击"创建"按钮，新建文件。

（2）按 Ctrl+O 组合键，打开本书云盘中的"Ch02 > 素材 > 制作娱乐媒体类公众号封面次图 > 01"文件，如图 2-79 所示。按 Ctrl + J 组合键，复制"背景"图层，在"图层"控制面板中生成新的图层"图层 1"。

（3）选择"缩放"工具，在图像窗口中鼠标指针变为放大图标。单击鼠标将图片放大显示，如图 2-80 所示。

图 2-79　　　　　　　　　　　　　图 2-80

（4）选择"红眼"工具，在属性栏中的设置如图 2-81 所示，在人物左侧眼睛上单击鼠标，去除红眼，效果如图 2-82 所示。用相同的方法去除右侧的红眼，效果如图 2-83 所示。

图 2-81　　　　　　　　　　　图 2-82　　　　　　　　　图 2-83

（5）选择"污点修复画笔"工具，将鼠标指针放置在要修复的污点图像上，如图 2-84 所示，单击鼠标去除污点，效果如图 2-85 所示。用相同的方法继续去除脸部的所有雀斑、痘痘和发丝，效果如图 2-86 所示。

图 2-84   图 2-85   图 2-86

（6）选择"修补"工具 ，在图像窗口中圈选眼袋部分，如图 2-87 所示。在选区中单击并拖曳到适当的位置，如图 2-88 所示。释放鼠标，修补眼袋。按 Ctrl+D 组合键，取消选区，效果如图 2-89 所示。用相同的方法继续修补眼袋和颈部皱纹，效果如图 2-90 所示。

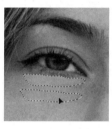

图 2-87   图 2-88   图 2-89   图 2-90

（7）选择"仿制图章"工具 ，在属性栏中单击"画笔"选项右侧的按钮 ，弹出画笔选择面板，选择需要的画笔形状并设置其大小，如图 2-91 所示。将鼠标指针放置在颈部需要取样的位置，按住 Alt 键的同时，指针变为圆形十字图标 ，如图 2-92 所示，单击鼠标确定取样点。

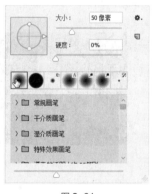
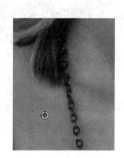

图 2-91   图 2-92

（8）将鼠标指针放置在需要修复的项链上，如图 2-93 所示，单击鼠标去掉项链，效果如图 2-94 所示。用相同的方法继续修复颈部上的项链，效果如图 2-95 所示。

（9）选择"移动"工具 ，将图像拖曳到新建的图像窗口中适当的位置。按 Ctrl+T 组合键，在图像周围出现变换框，拖曳鼠标调整图像的大小和位置，按 Enter 键确认操作，效果如图 2-96 所示。在"图层"控制面板中生成新的图层。娱乐媒体类公众号封面次图制作完成。

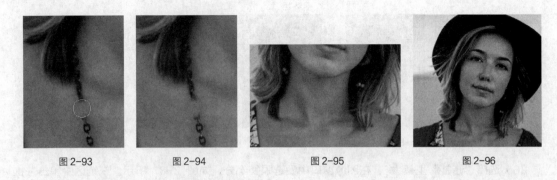

| 图 2-93 | 图 2-94 | 图 2-95 | 图 2-96 |

2.2.6 "模糊"工具和"锐化"工具

"模糊"工具用于使图像产生模糊的效果，"锐化"工具用于使图像产生锐化的效果。

1. "模糊"工具

选择"模糊"工具 ◊，其属性栏的状态如图 2-97 所示。

图 2-97

"强度"选项：用于设定压力的大小。

"对所有图层取样"复选框：用于确定"模糊"工具是否对所有可见层起作用。

选择"模糊"工具 ◊，在属性栏中按图 2-98 所示进行设定。在图像中单击并按住鼠标不放，拖曳鼠标使图像产生模糊的效果。原图像和模糊后的图像效果如图 2-99、图 2-100 所示。

图 2-98

| 图 2-99 | 图 2-100 |

2. "锐化"工具

选择"锐化"工具 △，其属性栏的状态如图 2-101 所示，内容与"模糊"工具属性栏的选项内容类似。

图 2-101

选择"锐化"工具 △，在属性栏中按图 2-102 所示进行设定。在图像中的动物上单击并按住鼠标不放，拖曳鼠标使图像产生锐化效果，如图 2-103 所示。

图 2-102　　　　　　　　　　　　　　　图 2-103

2.2.7　"加深"工具和"减淡"工具

"加深"工具用于使图像产生加深的效果，"减淡"工具用于使图像产生减淡的效果。

1. "加深"工具

选择"加深"工具 ，或反复按 Shift+O 组合键，其属性栏的状态如图 2-104 所示。

图 2-104

"范围"选项：用于设定图像中所要改变亮度的区域。

"曝光度"选项：用于设定曝光的强度。

选择"加深"工具 ，在属性栏中按图 2-105 所示进行设定。在图像中的动物上单击并按住鼠标不放，拖曳鼠标使图像产生加深效果，如图 2-106 所示。

图 2-105　　　　　　　　　　　　　　　图 2-106

2. "减淡"工具

选择"减淡"工具 ，或反复按 Shift+O 组合键，其属性栏的状态如图 2-107 所示。

图 2-107

选择"减淡"工具 ，在属性栏中按如图 2-108 所示进行设定。在图像中单击并按住鼠标不放，拖曳鼠标使图像产生减淡的效果，如图 2-109 所示。

图 2-108　　　　　　　　　　　　　　　图 2-109

2.2.8 "橡皮擦"工具

选择"橡皮擦"工具 ，或反复按 Shift+E 组合键，其属性栏的状态如图 2-110 所示。

图 2-110

"抹到历史记录"复选框：用于设定以"历史记录"控制面板中确定的图像状态来擦除图像。

选择"橡皮擦"工具 ，在图像中单击并按住鼠标拖曳，可以擦除图像。当图层为背景图层或锁定了透明区域的图层时，擦除的区域显示为背景色，效果如图 2-111 所示；当图层为普通图层时，擦除的区域显示为透明，效果如图 2-112 所示。

图 2-111　　　　　　　　图 2-112

2.2.9 课堂案例——制作玩具类公众号封面次图

【案例学习目标】学习使用多种修饰工具制作公众号封面次图。

【案例知识要点】使用"锐化"工具、"加深"工具、"减淡"工具和"模糊"工具美化商品。最终效果如图 2-113 所示。

【效果所在位置】Ch02/效果/制作玩具类公众号封面次图.psd。

图 2-113

（1）按 Ctrl+O 组合键，打开本书云盘中的"Ch02 > 素材 > 制作玩具类公众号封面次图 > 01"文件，如图 2-114 所示。按 Ctrl+J 组合键，复制图层，如图 2-115 所示。

图 2-114　　　　　　　　图 2-115

（2）选择"锐化"工具 △，在属性栏中单击"画笔"选项右侧的按钮⌄，在弹出的画笔选择面板中选择需要的画笔形状，设置如图 2-116 所示。在脸部图像上拖曳鼠标，锐化图像，效果如图 2-117 所示。用相同的方法锐化图像的其他部分，效果如图 2-118 所示。

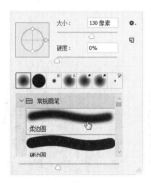

图 2-116　　　　　　　　　图 2-117　　　　　　　　　图 2-118

（3）选择"加深"工具，在属性栏中单击"画笔"选项右侧的按钮⌄，在弹出的画笔选择面板中选择需要的画笔形状，设置如图 2-119 所示。在帽子的阴影区域拖曳鼠标，加深图像，效果如图 2-120 所示。用相同的方法加深图像的其他部分，效果如图 2-121 所示。

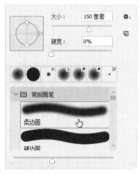

图 2-119　　　　　　　　　图 2-120　　　　　　　　　图 2-121

（4）选择"减淡"工具，在属性栏中单击"画笔"选项右侧的按钮⌄，在弹出的画笔选择面板中选择需要的画笔形状，设置如图 2-122 所示。在帽子的高光区域拖曳鼠标，减淡图像，效果如图 2-123 所示。用相同的方法减淡图像的其他部分，效果如图 2-124 所示。

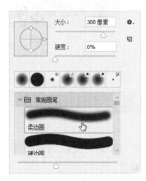

图 2-122　　　　　　　　　图 2-123　　　　　　　　　图 2-124

（5）选择"模糊"工具 ◌.，在属性栏中单击"画笔"选项右侧的按钮 ，在弹出的画笔选择面板中选择需要的画笔形状，设置如图 2-125 所示。在图像背景适当的位置拖曳鼠标，模糊图像，效果如图 2-126 所示。用相同的方法模糊图像的其他部分，效果如图 2-127 所示。

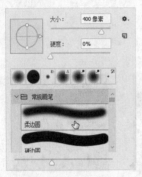

| 图 2-125 | 图 2-126 | 图 2-127 |

（6）按 Ctrl+N 组合键，新建一个文件，宽度为 200 像素，高度为 200 像素，分辨率为 72 像素/英寸，颜色模式为 RGB，背景内容为白色。单击"创建"按钮，新建文件。

（7）选择"移动"工具 ⊕.，将图像拖曳到新建的图像窗口中适当的位置。按 Ctrl+T 组合键，在图像周围出现变换框，拖曳鼠标调整图像的大小和位置，按 Enter 键确认操作，效果如图 2-128 所示。在"图层"控制面板中生成新的图层。

（8）单击"图层"控制面板下方的"创建新的填充或调整图层"按钮 ⊙.，在弹出的菜单中选择"亮度/对比度"命令，在"图层"控制面板生成"亮度/对比度 1"图层，同时弹出对应的"属性"面板。设置如图 2-129 所示。按 Enter 键确认操作，图像效果如图 2-130 所示。玩具类公众号封面次图制作完成。

| 图 2-128 | 图 2-129 | 图 2-130 |

2.3 编辑图像

Photoshop 提供了调整图像尺寸，移动、复制和删除图像，裁剪图像，变换图像等图像的基础编辑方法，利用这些方法，我们可以快速对图像进行适当的编辑和调整。

2.3.1 图像和画布尺寸的调整

根据制作过程中不同的需求，我们可以随时调整图像与画布的尺寸。

1. 图像尺寸的调整

打开一张图像，选择"图像 > 图像大小"命令，弹出"图像大小"对话框，如图 2-131 所示。

"图像大小"数值项：通过改变"宽度""高度"和"分辨率"项的数值，可改变图像的文件大小，图像的尺寸也相应改变。

♦.按钮：单击此按钮，在弹出的下拉列表中选择"缩放样式"选项后，若在图像操作中添加了图层样式，可以在调整大小时自动缩放样式大小。

"尺寸"数值项：显示图像的宽度和高度值，单击尺寸右侧的按钮∨，可以改变计量单位。

"调整为"选项：选取预设以调整图像大小。

"约束比例"按钮⧄：单击"宽度"和"高度"项左侧的锁链按钮⧄，表示改变其中一项数值时，另一项会成比例地同时改变。

"分辨率"数值项：指位图图像中的细节精细度，单位是像素/英寸（ppi）。每英寸的像素越多，分辨率越高。

"重新采样"复选框：不勾选此复选框，尺寸的数值将不会改变，"宽度""高度"和"分辨率"选项左侧将出现锁链按钮⧄，改变其中一项数值时，另外两项会相应改变，如图 2-132 所示。

图 2-131   图 2-132

在"图像大小"对话框中可以改变选项数值的计量单位，在选项右侧的下拉列表中进行选择即可，如图 2-133 所示。单击"调整为"选项右侧的下拉按钮，在弹出的下拉菜单中选择"自动分辨率"命令，弹出"自动分辨率"对话框，系统将自动调整图像的分辨率和品质，如图 2-134 所示。

图 2-133   图 2-134

2. 画布尺寸的调整

图像画布尺寸的大小是指当前图像周围的工作空间的大小。选择"图像 > 画布大小"命令，弹出"画布大小"对话框，如图 2-135 所示。

"当前大小"数值项：显示的是当前文件的大小和尺寸。

"新建大小"数值项：用于重新设定图像画布的大小。

"定位"项：调整图像在新画布中的位置，可偏左、居中或居右上角等，如图 2-136 所示。

图 2-135

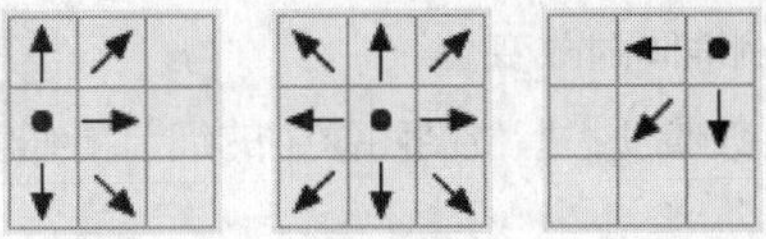

图 2-136

"画布扩展颜色"选项：在此选项的下拉列表中可以选择填充图像周围扩展部分的颜色，可以选择前景色、背景色或 Photoshop 中的默认颜色，也可以自己调整所需颜色。

2.3.2 图像的复制和删除

在编辑图像的过程中，我们可以对图像进行复制或删除的操作，以便于提高速度、节省时间。

1. 图像的复制

使用"移动"工具复制图像：选择"快速选择"工具 ，选中要复制的图像区域，如图 2-137 所示。选择"移动"工具 ，将鼠标指针放在选区中，指针变为 图标，如图 2-138 所示。按住 Alt 键的同时，指针变为 图标，如图 2-139 所示。单击鼠标并按住不放，拖曳选区中的图像到适当的位置，释放鼠标和 Alt 键，图像复制完成，效果如图 2-140 所示。

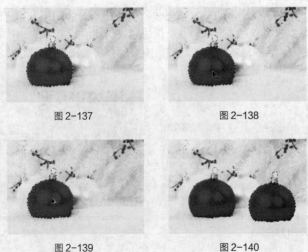

图 2-137 图 2-138

图 2-139 图 2-140

使用菜单命令复制图像：选中要复制的图像区域，选择"编辑 > 拷贝"命令或按 Ctrl+C 组合键，即将选区中的图像复制。屏幕上的图像并没有变化，但系统已将复制的图像复制到剪贴板中。

选择"编辑 > 粘贴"命令或按 Ctrl+V 组合键，将剪贴板中的图像粘贴在图像的新图层中，复制的图像在原图的上方，如图 2-141 所示。选择"移动"工具 可以移动复制出的图像，效果如图 2-142 所示。

图 2-141   图 2-142

2. 图像的删除

在需要删除的图像上绘制选区。选择"编辑 > 清除"命令，将选区中的图像删除。按 Ctrl+D 组合键，取消选区，即可删除选中的图像。效果如图 2-143 所示。

提示：如果在背景图层中，删除后的图像区域由背景色填充。如果在其他图层中，删除后的图像区域将显示下面一层的图像。

在需要删除的图像上绘制选区，按 Delete 键或 Backspace 键，可以将选区中的图像删除。按 Alt+Delete 组合键或 Alt+Backspace 组合键，也可将选区中的图像删除，但删除后的图像区域由前景色填充。

图 2-143

2.3.3   "移动"工具

使用"移动"工具可以将选区或图层移动到同一图像的新位置或其他图像中。

1. "移动"工具的选项

选择"移动"工具 ✛，其属性栏的状态如图 2-144 所示。

图 2-144

"自动选择"选项：在其下拉列表中选择"组"时，可直接选中所单击的非透明图像所在的图层组；在其下拉列表中选择"图层"时，用鼠标在图像上点击，即可直接选中指针所指的非透明图像所在的图层。

"显示变换控件"复选框：勾选此复选框，可在选中对象的周围显示变换框，如图 2-145 所示，属性栏状态如图 2-146 所示。单击变换框上的任意控制点，可调整控制点的位置。

图 2-145

图 2-146

对齐按钮：选中"左对齐"按钮 ⊟、"水平居中对齐"按钮 ⊞、"右对齐"按钮 ⊟、"顶对齐"按钮 ⊤、"垂直居中对齐"按钮 ⊞、"底对齐"按钮 ⊒，可在图像中相应地对齐选区或图层。

同时选中 4 个图层中的图形，在"移动"工具属性栏中勾选"显示变换控件"选项，图形的边缘显示出变换框，如图 2-147 所示。单击属性栏中的"垂直居中对齐"按钮 ⊞，图形的对齐效果如图 2-148 所示。

分布按钮：选中"按顶分布"按钮 ⊞、"垂直居中分布"按钮 ⊞、"按底分布"按钮 ⊞、"按左分布"按钮 ⊞、"水平居中分布"按钮 ⊞、"按右分布"按钮 ⊞，可以在图像中相应地分布图层。

同时选中 4 个图层中的图形，在"移动"工具属性栏中勾选"显示变换控件"复选框，图形的边缘显示出变换框，单击属性栏中的"水平居中分布"按钮 ⊞，图形的分布效果如图 2-149 所示。

图 2-147	图 2-148	图 2-149

2. 移动图像

选择"移动"工具 ✥，在属性栏中将"自动选择"选项设为"图层"。用鼠标选中"E"图形，如图 2-150 所示，图形所在图层被选中。将其向下拖曳到适当的位置，效果如图 2-151 所示。

图 2-150	图 2-151

打开一幅图像绘制选区，将选区中的图像向字母图像中拖曳，鼠标指针变为 ⧉ 图标，如图 2-152 所示。释放鼠标，选区中的图像被移动到字母图像中，效果如图 2-153 所示。

图 2-152	图 2-153

提示：背景图层是不可移动的。

2.3.4 "裁剪"工具和"透视裁剪"工具

使用"裁剪"工具可以在图像或图层中剪裁所选定的区域。而在拍摄高大的建筑时，由于视角较低，竖直的线条会向消失点集中，从而产生透视畸变，"透视裁剪"工具能够较好地解决这个问题。

1. "裁剪"工具

选择"裁剪"工具 ，或按 C 键，其属性栏的状态如图 2-154 所示。

图 2-154

比例 选项：单击此选项，弹出其下拉菜单，如图 2-155 所示，可以选择、创建、保存或删除裁剪长宽比或分辨率。

数值项：可以设置裁剪框的长宽比。

清除 按钮：可以清除长宽比值。

按钮：可以通过在图像中绘制的直线来拉直图像。

按钮：单击此按钮，弹出其下拉菜单，如图 2-156 所示，可以设置"裁剪"工具的叠加选项。

按钮：单击此按钮，弹出其下拉菜单，如图 2-157 所示，可以设置裁剪模式、裁剪区域、预览、裁剪屏蔽等选项。

"删除裁剪的像素"复选框：可以设置是否删除裁剪框外的像素。

"内容识别"复选框：可以识别原始图像外的内容填充区域。

图 2-155

图 2-156

图 2-157

使用"裁剪"工具裁剪图像：打开一幅图像，选择"裁剪"工具 ，在图像中单击并按住鼠标左键，拖曳鼠标到适当的位置，释放鼠标，绘制出矩形裁剪框，效果如图 2-158 所示。在矩形裁剪框内双击或按 Enter 键，都可以完成图像的裁剪，效果如图 2-159 所示。

图 2-158

图 2-159

使用菜单命令裁剪图像：选择"矩形选框"工具 ⊡，在图像窗口中绘制出要裁剪的图像区域，如图 2-160 所示。选择"图像 > 裁剪"命令，图像按选区进行裁剪。按 Ctrl+D 组合键，取消选区，效果如图 2-161 所示。

图 2-160

图 2-161

2. "透视裁剪"工具

选择"透视裁剪"工具 ⊞，或反复按 Shift+C 组合键，其属性栏的状态如图 2-162 所示。

图 2-162

"W/H"数值项：用于设置图像的宽度和高度。

"分辨率"数值项：用于设置图像的分辨率。

"前面的图像"按钮：可以在宽度、高度和分辨率文本框中显示当前文件的尺寸和分辨率；如果同时打开两个文件，则会显示另外一个文件的尺寸和分辨率。

"显示网格"复选框：可以显示或隐藏网格线。

打开一幅图片，如图 2-163 所示，可以观察到图像是倾斜的，这是透视畸变的明显特征。选择"透视裁剪"工具 ⊞，在图像窗口中单击并拖曳鼠标，绘制矩形裁剪框，如图 2-164 所示。

图 2-163

图 2-164

将鼠标指针放置在裁剪框左下角的控制点上，按住 Shift 键的同时，向上拖曳控制节点，如图 2-165 所示。单击工具属性栏中的 ✓ 按钮或按 Enter 键即可裁剪图像，效果如图 2-166 所示。

图 2-165

图 2-166

2.3.5　选区中图像的变换

在操作过程中，我们可以根据设计和制作需要变换已经绘制好的选区。

在图像中绘制选区后，选择"编辑 > 自由变换/变换"命令，可以对图像的选区进行各种变换。"变换"命令的下拉菜单及对应的效果如图 2-167 所示。

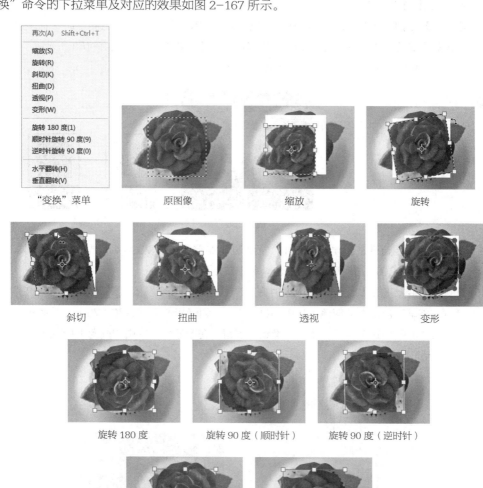

"变换"菜单　　原图像　　缩放　　旋转

斜切　　扭曲　　透视　　变形

旋转 180 度　　旋转 90 度（顺时针）　　旋转 90 度（逆时针）

水平翻转

垂直翻转

图 2-167

使用工具对选区进行变换的方法是：在图像中绘制选区，按 Ctrl+T 组合键，选区周围出现控制手柄，拖曳控制手柄，可以对图像选区进行等比例的缩放。按住 Shift 键的同时，拖曳控制手柄，可以自由缩放图像选区。按住 Ctrl 键的同时，任意拖曳变换框的 4 个控制手柄，可以使图像斜切变形。按住 Alt 键的同时，任意拖曳变换框的 4 个控制手柄，可以使图像对称变形。按住 Shift+Ctrl 组合键，拖曳变换框中间的控制手柄，可以使图像任意变形。按住 Alt+Ctrl 组合键，任意拖曳变换框的 4 个控制手柄，可以使图像透视变形。按 Shift+Ctrl+T 组合键，可以再次应用上一次使用过的变换命令。

如果在变换后仍要保留原图像的内容，可以按 Alt+Ctrl+T 组合键，选区周围出现控制手柄，向选区外拖曳选区中的图像，会复制出新的图像，原图像的内容将被保留。

2.3.6 课堂案例——制作产品手提袋

【案例学习目标】学习使用"渐变"工具及多种"变换"命令制作出需要的效果。

【案例知识要点】使用"渐变"工具制作背景，使用"移动"工具和"扭曲"命令制作手提袋，使用"垂直翻转"命令、图层蒙版和"渐变"工具制作投影。最终效果如图 2-168 所示。

【效果所在位置】Ch02/效果/制作产品手提袋.psd。

图 2-168

（1）按 Ctrl+N 组合键，新建一个文件，宽度为 27.7 厘米，高度为 24.8 厘米，分辨率为 300 像素/英寸，颜色模式为 RGB，背景内容为白色。单击"创建"按钮。

（2）选择"渐变"工具 ，单击属性栏中的"点按可编辑渐变"按钮 ，弹出"渐变编辑器"对话框。将渐变色设为从灰色（159、159、160）到暗灰色（76、76、78），并将两个滑块的位置均设为 50，如图 2-169 所示。单击"确定"按钮。在图像窗口中由中间向下拖曳渐变色，效果如图 2-170 所示。

图 2-169　　　　　　　　　　　　　　　　图 2-170

（3）按 Ctrl+O 组合键，打开本书云盘中的"Ch02 > 素材 > 制作产品手提袋 > 01"文件。选择"移动"工具 ⊕，将图片拖曳到图像窗口的适当位置，如图 2-171 所示。在"图层"控制面板中生成新的图层，将其命名为"正面"。

（4）按 Ctrl+T 组合键，在图像周围出现变换框，按住 Ctrl 键的同时，向外调整变换框右侧的两个控制节点到适当的位置，按 Enter 键确认操作，效果如图 2-172 所示。

（5）按 Ctrl+O 组合键，打开本书云盘中的"Ch02 > 素材 > 制作产品手提袋 > 02"文件，选择"移动"工具 ⊕，将素材图片拖曳到图像窗口的适当位置，如图 2-173 所示。在"图层"控制面板中生成新的图层，将其命名为"侧面"。

图 2-171　　　　　　　　　　图 2-172　　　　　　　　　　图 2-173

（6）按 Ctrl+T 组合键，图形周围出现变换框，在变换框中单击鼠标右键，在弹出的菜单中选择"扭曲"命令，调整控制点到适当的位置，按 Enter 键确认操作，效果如图 2-174 所示。

（7）新建图层并将其命名为"暗部"。将前景色设为黑色。选择"矩形选框"工具 ▢，在适当的位置绘制一个矩形选区，如图 2-175 所示。按 Alt+Delete 组合键，用前景色填充选区。取消选区后，效果如图 2-176 所示。

图 2-174　　　　　　　　　　图 2-175　　　　　　　　　　图 2-176

（8）在"图层"控制面板上方，将"暗部"图层的"不透明度"选项设为 10%，如图 2-177 所示。按 Enter 键确认操作，图像效果如图 2-178 所示。

（9）将"正面"图层拖曳到控制面板下方的"创建新图层"按钮 🔲 上进行复制，生成新的复制图层，并将其拖曳到"正面"图层的下方。按 Ctrl+T 组合键，图形周围出现变换框，在变换框中单击鼠标右键，在弹出的菜单中选择"垂直翻转"命令，翻转复制的图像，并将其拖曳到适当的位置。按住 Ctrl 键的同时，调整左上角的控制节点到适当的位置。按 Enter 键确认操作，效果如图 2-179 所示。

图 2-177　　　　　　　　图 2-178　　　　　　　　图 2-179

（10）单击"图层"控制面板下方的"添加图层蒙版"按钮 ，为"正面 拷贝"图层添加蒙版。选择"渐变"工具 ，单击属性栏中的"点按可编辑渐变"按钮 ，将渐变色设为从白色到黑色，在复制的图像上由上至下拖曳渐变色，效果如图 2-180 所示。用相同的方法复制"侧面"图形，调整其形状和位置，并为其添加蒙版，制作投影效果，效果如图 2-181 所示。

图 2-180　　　　　　　　　　　图 2-181

（11）按 Ctrl + O 组合键，打开本书云盘中的"Ch02 > 素材 > 制作产品手提袋 > 03"文件。选择"移动"工具 ，将素材图片拖曳到图像窗口的适当位置，如图 2-182 所示。在"图层"控制面板中生成新的图层，将其命名为"带子"。

（12）按住 Alt 键的同时，拖曳图片到适当的位置，复制图片，效果如图 2-183 所示。在"图层"控制面板中生成新的图层"带子 拷贝"。将复制图层拖曳到"背景"图层的上方，效果如图 2-184 所示。产品手提袋制作完成。

图 2-182　　　　　　　　图 2-183　　　　　　　　图 2-184

课堂练习——制作房屋地产类公众号信息图

【练习知识要点】使用"裁剪"工具裁剪图像，使用"移动"工具移动图像。最终效果如图 2-185 所示。

【效果所在位置】Ch02/效果/制作房屋地产类公众号信息图.psd。

图 2-185

课后习题——制作美妆教学类公众号封面首图

【习题知识要点】使用"缩放"工具调整图像大小,使用"仿制图章"工具修饰碎发,使用"修复画笔"工具和"污点修复画笔"工具修饰雀斑,使用"加深"工具修饰头发和嘴唇,使用"减淡"工具修饰脸部。最终效果如图 2-186 所示。

【效果所在位置】Ch02/效果/制作美妆教学类公众号封面首图.psd。

图 2-186

第3章
路径与图形

本章主要介绍路径和图形的绘制方法及应用技巧。通过本章的学习，读者可以快速地绘制所需路径，并对路径进行修改和编辑；还可应用绘图工具绘制出系统自带的图形，提高图像制作的效率。

课堂学习目标

- ✔ 了解路径的概念
- ✔ 掌握"钢笔"工具的使用方法
- ✔ 掌握编辑路径的方法和技巧
- ✔ 掌握绘图工具的使用方法

3.1 路径概述

路径是基于贝塞尔曲线建立的矢量图形。使用路径可以进行复杂图像的选取，还可以存储选取区域以备再次使用，更可以绘制线条平滑的优美图形。和路径相关的概念有锚点、直线点、曲线点、直线段、曲线段、端点，如图 3-1 所示。

图 3-1

锚点：由"钢笔"工具创建，是一个路径中两条线段的交点，路径是由锚点组成的。

直线段：用"钢笔"工具在图像中单击两个不同的位置，将在两点之间创建一条直线段。

曲线点：曲线点是带有两个独立调节手柄的锚点，是两条曲线段之间的连接点，调节手柄可以改变曲线的弧度。

曲线段：拖曳曲线点可以创建一条曲线段。

直线点：按住 Alt 键的同时单击刚建立的锚点，可以将锚点转换为带有一个独立调节手柄的直线点。直线点是一条直线段与一条曲线段的连接点。

端点：路径的结束点就是路径的端点。

3.2 "钢笔"工具

"钢笔"工具用于抠出复杂的图像，还可以用于绘制各种路径图形。

3.2.1 "钢笔"工具的选项

选择"钢笔"工具 ⬙，或反复按 Shift+P 组合键，其属性栏的状态如图 3-2 所示。

图 3-2

与"钢笔"工具相配合的功能键如下。

按住 Shift 键创建锚点时，系统以 45° 角或 45° 角的倍数绘制路径。

按住 Alt 键，当将"钢笔"工具 ⬙ 移到锚点上时，暂时将"钢笔"工具 ⬙ 转换为"转换点"工具 ⬚。

按住 Ctrl 键，暂时将"钢笔"工具 ⬙ 转换成"直接选择"工具 ▷。

3.2.2 课堂案例——制作箱包 App 主页 Banner 广告

【案例学习目标】学习使用不同的绘制工具绘制并调整路径。

【案例知识要点】使用"钢笔"工具、"添加锚点"工具绘制路径，使用选区和路径的转换命令进行转换，使用"移动"工具添加包包和文字，使用"椭圆选框"工具和 Alt+Delete 组合键制作投影。最终效果如图 3-3 所示。

【效果所在位置】Ch03/效果/制作箱包 App 主页 Banner 广告.psd。

图 3-3

（1）按 Ctrl+O 组合键，打开本书云盘中的"Ch03 > 素材 > 制作箱包 App 主页 Banner 广告 > 01"文件，如图 3-4 所示。选择"钢笔"工具 ⬙，在属性栏的"选择工具模式"选项中选择"路径"，在图像窗口中沿着实物轮廓绘制路径，如图 3-5 所示。

图 3-4　　　　　　图 3-5

（2）按住 Ctrl 键的同时，"钢笔"工具 ⌀.转换为"直接选择"工具 ▸.，如图 3-6 所示。拖曳路径中的锚点来改变路径的弧度，如图 3-7 所示。

图 3-6　　　　　　图 3-7

（3）将鼠标指针移动到路径上，"钢笔"工具 ⌀.转换为"添加锚点"工具 ⌀.，如图 3-8 所示。在路径上单击鼠标添加锚点，如图 3-9 所示。按住 Ctrl 键的同时，"钢笔"工具 ⌀.转换为"直接选择"工具 ▸.，拖曳路径中的锚点来改变路径的弧度，如图 3-10 所示。

图 3-8　　　　　图 3-9　　　　　图 3-10

（4）用相同的方法调整路径，效果如图 3-11 所示。单击属性栏中的"路径操作"按钮 ▯，在弹出的面板中选择"排除重叠形状"，在适当的位置再次绘制多个路径，如图 3-12 所示。按 Ctrl+Enter 组合键，将路径转换为选区，如图 3-13 所示。

图 3-11　　　　　图 3-12　　　　　图 3-13

（5）按 Ctrl+N 组合键，新建一个文件，宽度为 750 像素，高度为 200 像素，分辨率为 72 像素/英寸，颜色模式为 RGB，背景内容为浅蓝色（232、239、248）。单击"创建"按钮，新建文件。

（6）选择"移动"工具 ，将选区中的图像拖曳到新建的图像窗口中，如图 3-14 所示。在"图层"控制面板中生成新的图层，将其命名为"包包"。按 Ctrl+T 组合键，在图像周围出现变换框，拖曳鼠标调整图像的大小和位置，按 Enter 键确认操作，效果如图 3-15 所示。

图 3-14

图 3-15

（7）新建图层并将其命名为"投影"。选择"椭圆选框"工具 ，在属性栏中将"羽化"项设为 5，在图像窗口中拖曳鼠标绘制椭圆选区。按 Alt+Delete 组合键，用前景色填充选区。按 Ctrl+D 组合键，取消选区，效果如图 3-16 所示。在"图层"控制面板中，将"投影"图层拖曳到"包包"图层的下方，效果如图 3-17 所示。

图 3-16 　　　　　　　　　　图 3-17

（8）选择"包包"图层。按 Ctrl＋O 组合键，打开本书云盘中的"Ch03＞素材＞制作箱包 App 主页 Banner 广告＞02"文件。选择"移动"工具 ，将 02 图像窗口选区中的图像拖曳到 01 图像窗口中适当的位置，如图 3-18 所示。在"图层"控制面板中生成新图层，将其命名为"文字"。箱包 App 主页 Banner 广告制作完成。

图 3-18

3.2.3　绘制直线段

建立一个新的图像文件，选择"钢笔"工具 ，在属性栏中的"选择工具模式"选项中选择"路径"，绘制的将是路径；选中"形状"，绘制的将是形状图层。勾选"自动添加/删除"复选框，属性栏的状态如图 3-19 所示。

图 3-19

在图像中任意位置单击鼠标，创建一个锚点，将鼠标指针移动到其他位置再单击，创建第 2 个锚点，两个锚点之间自动以直线段进行连接，如图 3-20 所示。再将鼠标指针移动到其他位置单击，创建第 3 个锚点，而系统将在第 2 个和第 3 个锚点之间生成一条新的直线路径，如图 3-21 所示。

图 3-20   图 3-21

3.2.4　绘制曲线

　　用"钢笔"工具 单击建立新的锚点并按住鼠标不放，拖曳鼠标，建立曲线段和曲线点，如图 3-22 所示。释放鼠标，按住 Alt 键的同时，用"钢笔"工具 单击刚刚建立的曲线点，如图 3-23 所示，将其转换为直线点，在其他位置再次单击建立下一个锚点，可在曲线段后绘制出直线段，如图 3-24 所示。

图 3-22   图 3-23   图 3-24

3.3　编辑路径

　　我们可以通过"添加锚点"工具、"删除锚点"工具及"转换点"工具、"路径选择"工具和"直接选择"工具对已有的路径进行修整。

3.3.1　"添加锚点"工具和"删除锚点"工具

1. "添加锚点"工具

　　将"钢笔"工具 移动到建立好的路径上，若当前此处没有锚点，则"钢笔"工具 转换成"添加锚点"工具 ，如图 3-25 所示。在路径上单击鼠标可以添加一个锚点，效果如图 3-26 所示。

图 3-25   图 3-26

将"钢笔"工具 移动到建立好的路径上，若当前此处没有锚点，则"钢笔"工具 转换成"添加锚点"工具 ，如图 3-27 所示。单击鼠标添加锚点后按住鼠标不放，向上拖曳鼠标，可以建立曲线段和曲线点，效果如图 3-28 所示。

提示： 也可以直接选择"添加锚点"工具 来完成添加锚点的操作。

图 3-27   图 3-28

2. "删除锚点"工具

将"钢笔"工具 移动到直线路径的锚点上，则"钢笔"工具 转换成"删除锚点"工具 ，如图 3-29 所示。单击锚点将其删除，效果如图 3-30 所示。

图 3-29   图 3-30

将"钢笔"工具 移动到曲线路径的锚点上，则"钢笔"工具 转换成"删除锚点"工具 ，如图 3-31 所示。单击锚点将其删除，效果如图 3-32 所示。

图 3-31   图 3-32

3.3.2 "转换点"工具

使用"转换点"工具单击或拖曳锚点可将其转换成直线点或曲线点，拖曳锚点上的调节手柄可以改变线的弧度。

使用"钢笔"工具 在图像中绘制三角形路径，如图 3-33 所示。当要闭合路径时，鼠标指针变为 图标，单击鼠标即可闭合路径，完成三角形路径的绘制，如图 3-34 所示。

选择"转换点"工具 ，将鼠标指针放置在三角形左上角的锚点上，如图 3-35 所示。单击锚点并将其向右上方拖曳形成曲线点，如图 3-36 所示。使用相同的方法将三角形其他的锚点转换为曲线点，如图 3-37 所示。绘制完成后，路径的效果如图 3-38 所示。

图 3-33　　　　　　　　图 3-34　　　　　　　　图 3-35

图 3-36　　　　　　　　图 3-37　　　　　　　　图 3-38

3.3.3 "路径选择"工具和"直接选择"工具

1. "路径选择"工具

"路径选择"工具用于选择一个或几个路径，并对其进行移动、组合、对齐、分布和变形。选择"路径选择"工具 ，或反复按 Shift+A 组合键，其属性栏的状态如图 3-39 所示。

图 3-39

2. "直接选择"工具

"直接选择"工具用于移动路径中的锚点或线段，还可以调整手柄和控制点。路径的原始效果如图 3-40 所示。选择"直接选择"工具 ，拖曳路径中的锚点可改变路径的弧度，如图 3-41 所示。

图 3-40　　　　　　　　图 3-41

3.3.4 "填充路径"命令

在图像中创建路径，如图 3-42 所示。单击"路径"控制面板右上方的 图标，在弹出的菜单中选择"填充路径"命令，弹出"填充路径"对话框，设置如图 3-43 所示。单击"确定"按钮，用前景色填充路径，效果如图 3-44 所示。"填充路径"对话框各选项的含义介绍如下。

"内容"选项：用于设定使用的填充颜色或图案。

"模式"选项：用于设定混合模式。

"不透明度"数值项：用于设定填充的不透明度。

"保留透明区域"复选框：用于保护图像中的透明区域。

"羽化半径"数值项：用于设定柔化边缘的数值。

"消除锯齿"复选框：用于清除边缘的锯齿。

单击"路径"控制面板下方的"用前景色填充路径"按钮 ●，即可填充路径。按住 Alt 键的同时，单击"用前景色填充路径"按钮 ●，将弹出"填充路径"对话框。

| 图 3-42 | 图 3-43 | 图 3-44 |

3.3.5   "描边路径"命令

在图像中创建路径，如图 3-45 所示。单击"路径"控制面板右上方的 ≡ 图标，在弹出的菜单中选择"描边路径"命令，弹出"描边路径"对话框。选择"工具"选项下拉列表中的"画笔"选项，如图 3-46 所示。此下拉列表中共有 19 种工具可供选择，如果当前在工具箱中已经选择了"画笔"工具，该工具将自动地设置在此处。另外，在画笔属性栏中设定的画笔类型也将直接影响此处的描边效果。设置好后，单击"确定"按钮，描边路径的效果如图 3-47 所示。

| 图 3-45 | 图 3-46 | 图 3-47 |

提示：如果对路径进行描边时没有取消对路径的选定，则描边路径改为描边子路径，即只对选中的子路径进行描边。

单击"路径"控制面板下方的"用画笔描边路径"按钮 ○ ，即可描边路径。按 Alt 键的同时，单击"用画笔描边路径"按钮 ○ ，将弹出"描边路径"对话框。

3.3.6 课堂案例——制作环保类公众号首页次图

【案例学习目标】学习使用"钢笔"工具和"描边路径"命令制作公众号首页次图。

【案例知识要点】使用"钢笔"工具绘制路径，使用"描边路径"命令为路径描边，使用图层样式制作发光效果。最终效果如图 3-48 所示。

【效果所在位置】Ch03/效果/制作环保类公众号首页次图.psd。

图 3-48

（1）按 Ctrl+O 组合键，打开本书云盘中的"Ch03 > 素材 > 制作环保类公众号首页次图 > 01"文件，如图 3-49 所示。

（2）新建图层并将其命名为"描边"。将前景色设为白色。选择"钢笔"工具 ⌀ ，在属性栏的"选择工具模式"选项中选择"路径"，在图像窗口中绘制一条路径，如图 3-50 所示。选择"画笔"工具 ✎ ，在属性栏中单击"画笔"选项右侧的按钮 ⌄ ，弹出画笔选择面板，选择需要的画笔形状并设置其大小，如图 3-51 所示。

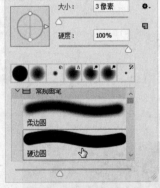

图 3-49　　　　　　　　　　图 3-50　　　　　　　　　　图 3-51

（3）选择"路径选择"工具 ▶ ，选取路径。单击鼠标右键，在弹出的菜单中选择"描边路径"命令，弹出"描边路径"对话框。选项的设置如图 3-52 所示，单击"确定"按钮。按 Enter 键描边路径，效果如图 3-53 所示。

图 3-52   图 3-53

（4）单击"图层"控制面板下方的"添加图层样式"按钮 _fx_ ，在弹出的菜单中选择"内发光"命令，弹出对话框，将发光颜色设为草绿色（185、253、135），其他选项的设置如图 3-54 所示。单击"确定"按钮，效果如图 3-55 所示。

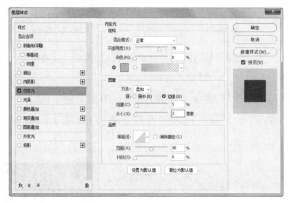

图 3-54   图 3-55

（5）单击"图层"控制面板下方的"添加图层样式"按钮 _fx_ ，在弹出的菜单中选择"外发光"命令，弹出对话框，将发光颜色设为苹果绿（151、251、70），其他选项的设置如图 3-56 所示。单击"确定"按钮，效果如图 3-57 所示。

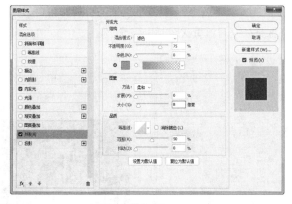

图 3-56   图 3-57

（6）将"描边"图层拖曳到"图层"控制面板下方的"创建新图层"按钮 ▣ 上进行复制，生成新的图层"描边 拷贝"。将"内发光"图层样式拖曳到"图层"控制面板下方的"删除图层"按钮 🗑 上，将其删除，效果如图 3-58 所示。

（7）在"图层"控制面板上方，将"描边 拷贝"图层的"不透明度"选项设为 49%，如图 3-59 所示。按 Enter 键确认操作，效果如图 3-60 所示。

图 3-58   图 3-59   图 3-60

（8）新建图层并将其命名为"描边 2"。选择"钢笔"工具 ，在图像窗口中绘制一条路径，如图 3-61 所示。

（9）将前景色设为白色。选择"路径选择"工具 ，选取路径，单击鼠标右键，在弹出的菜单中选择"描边路径"命令，弹出"描边路径"对话框。选项的设置如图 3-62 所示，单击"确定"按钮。按 Enter 键描边路径，效果如图 3-63 所示。

 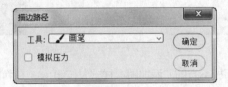 

图 3-61   图 3-62   图 3-63

（10）单击"图层"控制面板下方的"添加图层样式"按钮 ，在弹出的菜单中选择"外发光"命令，弹出对话框，将发光颜色设为绿色（141、253、50），其他选项的设置如图 3-64 所示。单击"确定"按钮，效果如图 3-65 所示。环保类公众号首页次图制作完成。

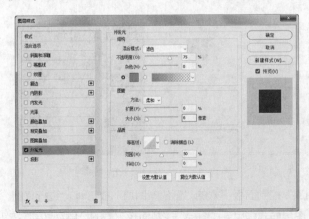 

图 3-64   图 3-65

3.4　绘图工具

绘图工具包括"矩形"工具、"圆角矩形"工具、"椭圆"工具、"多边形"工具、"直线"工具及"自定形状"工具，应用这些工具可以绘制出多样的图形。

3.4.1　"矩形"工具

选择"矩形"工具 ⬚，或反复按 Shift+U 组合键，其属性栏的状态如图 3-66 所示。

图 3-66

形状 选项：用于选择工具的模式，包括形状、路径和像素。

填充 描边 1像素 —— 选项：用于设定矩形的填充色、描边色、描边宽度和描边类型。

W: 0像素 H: 0像素 数值项：用于设定矩形的宽度和高度。

按钮：用于设定路径的组合方式、对齐方式和排列方式。

按钮：用于设置所绘制矩形的形状。

"对齐边缘"复选框：用于设置边缘是否对齐。

原始图像效果如图 3-67 所示。在图像中绘制矩形，效果如图 3-68 所示。"图层"控制面板中的效果如图 3-69 所示。

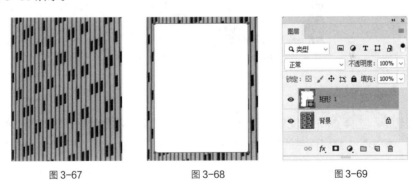

图 3-67　　　　　图 3-68　　　　　图 3-69

3.4.2　"圆角矩形"工具

选择"圆角矩形"工具 ▢，或反复按 Shift+U 组合键，其属性栏的状态如图 3-70 所示。其属性栏中的内容与"矩形"工具属性栏的选项内容类似，只增加了"半径"项，用于设定圆角矩形的圆角半径，设定数值越大，圆角越平滑。

图 3-70

将"半径"项设为 20 像素，在图像中绘制圆角矩形，效果如图 3-71 所示。"图层"控制面板中的效果如图 3-72 所示。

图 3-71 图 3-72

3.4.3 "椭圆"工具

选择"椭圆"工具 ○，或反复按 Shift+U 组合键，其属性栏的状态如图 3-73 所示。

图 3-73

在图像中绘制椭圆形，效果如图 3-74 所示。"图层"控制面板中的效果如图 3-75 所示。

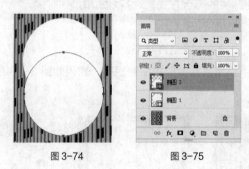

图 3-74 图 3-75

3.4.4 "多边形"工具

选择"多边形"工具 ○，或反复按 Shift+U 组合键，其属性栏的状态如图 3-76 所示。其属性栏中的内容与"矩形"工具属性栏的选项内容类似，只增加了"边"项，用于设定多边形的边数。

图 3-76

单击属性栏中的 ⚙ 按钮，在弹出的面板中进行设置，如图 3-77 所示。在图像中绘制多边形，效果如图 3-78 所示。"图层"控制面板中的效果如图 3-79 所示。

图 3-77 图 3-78 图 3-79

3.4.5 "直线"工具

选择"直线"工具 ∕，或反复按 Shift+U 组合键，其属性栏的状态如图 3-80 所示。其属性栏中的内容与"矩形"工具属性栏的选项内容类似，只增加了"粗细"项，用于设定直线的宽度。

图 3-80

单击属性栏中的 ✿ 按钮，弹出相应的设置面板，从中可为线添加箭头，如图 3-81 所示。"起点"复选框：用于选择箭头位于线的始端。"终点"复选框：用于选择箭头位于线的末端。"宽度"项：用于设定箭头宽度与线宽度的比值。"长度"项：用于设定箭头长度与线宽度的比值。"凹度"项：用于设定箭头凹凸的形状。

在图像中绘制不同效果的带箭头直线段，如图 3-82 所示。"图层"控制面板中的效果如图 3-83 所示。

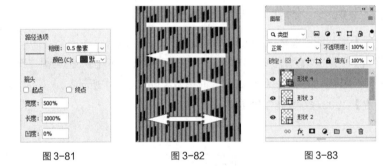

图 3-81   图 3-82   图 3-83

3.4.6 "自定形状"工具

选择"自定形状"工具 ✿，或反复按 Shift+U 组合键，其属性栏的状态如图 3-84 所示。其属性栏中的内容与"矩形"工具属性栏的选项内容类似，只增加了"形状"选项，用于选择所需的形状。

图 3-84

单击"形状"选项，弹出图 3-85 所示的形状选择面板。面板中存储了可供选择的各种不规则形状。在图像中绘制形状图形，效果如图 3-86 所示。"图层"控制面板中的效果如图 3-87 所示。

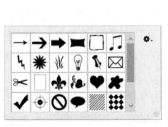

图 3-85   图 3-86   图 3-87

我们也可以自己定义形状。使用"钢笔"工具 ⟋，在图像窗口中绘制路径并填充路径，如图 3-88 所示。选择"编辑 > 定义自定形状"命令，弹出"形状名称"对话框。在"名称"项的文本框中输入自定形状的名称，如图 3-89 所示。单击"确定"按钮，在形状选择面板中将会显示刚才定义好的形状，如图 3-90 所示。

图 3-88   图 3-89   图 3-90

3.4.7 课堂案例——制作家电类 App 引导页插画

【案例学习目标】学习使用图形绘制工具绘制出需要的图形效果。

【案例知识要点】使用"圆角矩形"工具、"矩形"工具、"椭圆"工具和"直线"工具绘制洗衣机，使用"移动"工具添加洗衣筐和洗衣液。最终效果如图 3-91 所示。

【效果所在位置】Ch03/效果/制作家电类 App 引导页插画.psd。

图 3-91

（1）按 Ctrl+N 组合键，弹出"新建文档"对话框，设置宽度为 600 像素，高度为 600 像素，分辨率为 72 像素/英寸，颜色模式为 RGB，背景内容为白色。单击"创建"按钮，新建一个文件。

（2）单击"图层"控制面板下方的"创建新组"按钮 ▢，生成新的图层组并将其命名为"洗衣机"。选择"圆角矩形"工具 ▢，在属性栏的"选择工具模式"选项中选择"形状"，将"填充"颜色设为白色，"描边"颜色设为海蓝色（53、65、78），"描边宽度"项设为 8 像素，"半径"项设为 10 像素，在图像窗口中绘制一个圆角矩形，效果如图 3-92 所示。在"图层"控制面板中生成新的形状图层"圆角矩形 1"。

（3）再次绘制一个圆角矩形。在属性栏中将"填充"颜色设为海蓝色（53、65、78），"描边"颜色设为无，效果如图 3-93 所示。在"图层"控制面板中生成新的形状图层"圆角矩形 2"。

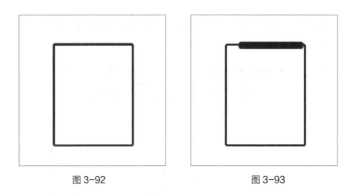

图 3-92   图 3-93

（4）在"图层"控制面板中，将"圆角矩形 2"图层拖曳到"圆角矩形 1"图层的下方，如图 3-94
所示，图像效果如图 3-95 所示。

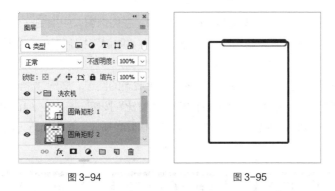

图 3-94   图 3-95

（5）选择"圆角矩形 1"图层。选择"矩形"工具 ▢，在图像窗口中绘制一个矩形。在属性栏中
将"填充"颜色设为白色，"描边"颜色设为海蓝色（53、65、78），"描边宽度"项设为 4 像素，
效果如图 3-96 所示。在"图层"控制面板中生成新的形状图层"矩形 1"。

（6）选择"椭圆"工具 ⬭，按住 Shift 键的同时，在图像窗口中绘制一个圆形。在属性栏中将"描
边宽度"项设为 6 像素，效果如图 3-97 所示。在"图层"控制面板中生成新的形状图层"椭圆 1"。

图 3-96   图 3-97

（7）选择"圆角矩形"工具 ▢，在图像窗口中绘制一个圆角矩形。在属性栏中将"描边宽度"
项设为 4 像素，效果如图 3-98 所示。在"图层"控制面板中生成新的形状图层"圆角矩形 3"。

图 3-98

（8）选择"直线"工具 ╱，在属性栏中将"粗细"项设为 2 像素。按住 Shift 键的同时，在图像
窗口中绘制一条直线，效果如图 3-99 所示。在"图层"控制面板中生成新的形状图层"形状 1"。

（9）选择"路径选择"工具 ，按住 Alt+Shift 组合键的同时，垂直向下拖曳直线到适当的位置，复制直线，效果如图 3-100 所示。

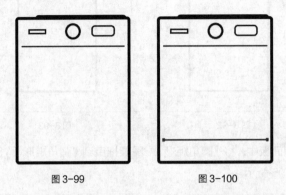

图 3-99   图 3-100

（10）选择"椭圆"工具 ，按住 Shift 键的同时，在图像窗口中绘制一个圆形。在属性栏中将"描边宽度"项设为 6 像素，效果如图 3-101 所示。在"图层"控制面板中生成新的形状图层"椭圆 2"。

（11）按 Ctrl+J 组合键，复制"椭圆 2"图层，生成新的图层"椭圆 2 拷贝"。按 Ctrl+T 组合键，在圆形周围出现变换框。单击属性栏中的"保持长宽比"按钮 。按住 Alt+Shift 组合键的同时，向内拖曳右上角的控制手柄，等比例缩小圆形，如图 3-102 所示。按 Enter 键确认操作，效果如图 3-103 所示。

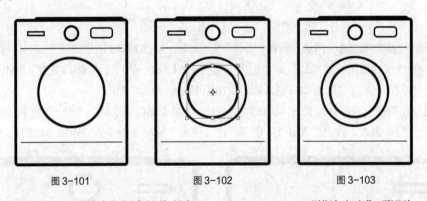

图 3-101   图 3-102   图 3-103

（12）在属性栏中将"填充"颜色设为蓝色（61、91、117），"描边宽度"项设为 4 像素，效果如图 3-104 所示。用相同的方法复制其他圆形，并填充相应的颜色，效果如图 3-105 所示。

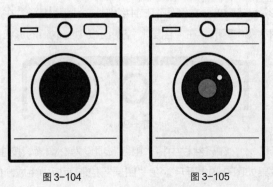

图 3-104   图 3-105

（13）选择"矩形"工具 ▢，在图像窗口中绘制一个矩形。在属性栏中将"填充"颜色设为海蓝色（53、65、78），"描边"颜色设为无，效果如图 3-106 所示。在"图层"控制面板中生成新的形状图层"矩形 2"。

（14）选择"移动"工具 ✛，按住 Alt+Shift 组合键的同时，拖曳矩形到适当的位置，复制矩形，效果如图 3-107 所示。单击"洗衣机"图层组左侧的箭头图标 ⌄，将"洗衣机"图层组中的图层隐藏。

图 3-106   图 3-107

（15）按 Ctrl+O 组合键，打开本书云盘中的"Ch03 > 素材 > 制作家电类 App 引导页插画 > 01、02"文件。选择"移动"工具 ✛，分别将图片拖曳到图像窗口中适当的位置，效果如图 3-108 所示。在"图层"控制面板中分别生成新图层，将它们分别命名为"洗衣筐"和"洗衣液"，如图 3-109 所示。家电类 App 引导页插画制作完成。

图 3-108   图 3-109

课堂练习——制作箱包类促销公众号封面首图

【练习知识要点】使用"圆角矩形"工具绘制箱体，使用"矩形"工具和"椭圆"工具绘制拉杆和滑轮，使用"多边形"工具和"自定形状"工具绘制装饰图形，使用"路径选择"工具选取和复制图形，使用"直接选择"工具调整锚点。最终效果如图 3-110 所示。

【效果所在位置】Ch03/效果/制作箱包类促销公众号封面首图.psd。

图 3-110

课后习题——制作七夕节海报

【习题知识要点】使用"移动"工具添加底图、玫瑰、人物和文字,使用"钢笔"工具和"路径描边"命令制作线条,使用"自定形状"工具和"钢笔"工具绘制心形,使用"画笔"工具添加点光。最终效果如图 3-111 所示。

【效果所在位置】Ch03/效果/制作七夕节海报.psd。

图 3-111

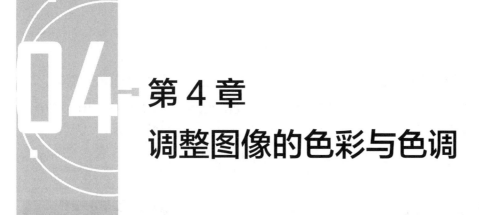

第 4 章
调整图像的色彩与色调

本章主要介绍调整图像色彩与色调的方法和技巧。通过本章的学习，读者可以根据不同的需要，应用多种调整命令对图像的色彩或色调进行细微的调整，还可以对图像进行特殊颜色的处理。

课堂学习目标

- ✔ 掌握调整图像颜色的方法和技巧
- ✔ 学会运用多种调整命令对图像进行特殊颜色处理

4.1 调整图像颜色

应用"亮度/对比度""色相/饱和度""曝光度""曲线""色阶"等命令可以调整图像的颜色。

4.1.1 "亮度/对比度"命令

原始图像效果如图 4-1 所示。选择"图像 > 调整 > 亮度/对比度"命令，弹出"亮度/对比度"对话框，如图 4-2 所示。在对话框中，可以通过拖曳亮度和对比度滑块来调整图像的亮度或对比度。按图 4-2 调整后单击"确定"按钮，调整后的图像效果如图 4-3 所示。"亮度/对比度"命令调整的是整个图像的色彩。

图 4-1

亮度/对比度

亮度：   150   确定

对比度：   11   取消

                        自动(A)

☐ 使用旧版(L)   ☑ 预览(P)

图 4-2

图 4-3

4.1.2 "色相/饱和度"命令

原始图像效果如图 4-4 所示。选择"图像 > 调整 > 色相/饱和度"命令，或按 Ctrl+U 组合键，弹出"色相/饱和度"对话框。设置如图 4-5 所示。单击"确定"按钮，效果如图 4-6 所示。

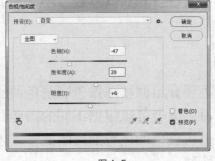

图 4-4   图 4-5   图 4-6

"全图"选项：用于选择要调整的色彩范围，可以通过拖曳下方各选项中的滑块来调整图像的色彩、饱和度和明度。

"着色"复选框：用于在由灰度模式转化而来的色彩模式图像中添加需要的颜色。

在对话框中勾选"着色"复选框，如图 4-7 所示。单击"确定"按钮后，图像效果如图 4-8 所示。

图 4-7   图 4-8

技巧：按住 Alt 键的同时，"色相/饱和度"对话框中的"取消"按钮转换为"复位"按钮，单击"复位"按钮，可以对"色相/饱和度"对话框重新进行设置。

4.1.3 "曝光度"命令

选择"图像 > 调整 > 曝光度"命令，弹出"曝光度"对话框。设置如图 4-9 所示。单击"确定"按钮，即可调整图像的曝光度，如图 4-10 所示。

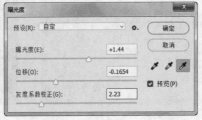

图 4-9   图 4-10

"曝光度"选项：调整色彩范围的高光端，对极限阴影的影响很轻微。

"位移"选项：使阴影和中间调变暗，对高光的影响很轻微。

"灰度系数校正"选项：使用乘方函数调整图像灰度系数。

4.1.4 "曲线"命令

使用"曲线"命令可以通过调整图像色彩曲线上的任意一个像素点来改变图像的色彩范围。

原始图像效果如图 4-11 所示。选择"图像 > 调整 > 曲线"命令，或按 Ctrl+M 组合键，弹出"曲线"对话框，如图 4-12 所示。在图像中单击并按住鼠标不放，如图 4-13 所示，"曲线"对话框中的曲线上显示出一个小方块，它表示图像中单击处的像素数值，如图 4-14 所示。

图 4-11

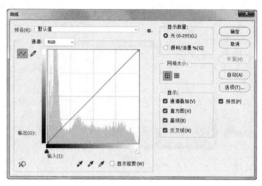

图 4-12

图 4-13

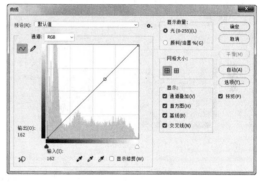

图 4-14

"通道"选项：用于选择调整图像的颜色通道。

图表中的 x 轴为色彩的输入值，y 轴为色彩的输出值。曲线代表了输入和输出色阶的关系。

按钮：在默认状态下使用此工具，在图表曲线上单击，可以增加控制点，拖曳控制点可以改变曲线的形状，拖曳控制点到图表外将删除控制点。

按钮：可以在图表中绘制出任意曲线。单击右侧的 平滑(M) 按钮可使曲线变得光滑。按住 Shift 键的同时，使用此工具可以绘制出直线。

"输入"和"输出"数值项：显示图表中鼠标指针所在位置的亮度值。

自动(A) 按钮：可以自动调整图像的亮度。

设置不同的曲线，对应的图像效果如图 4-15 所示。

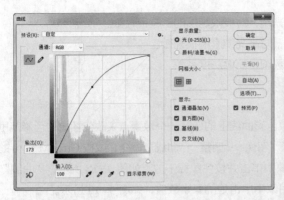

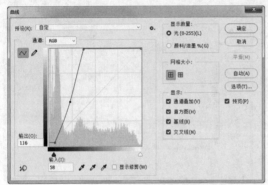

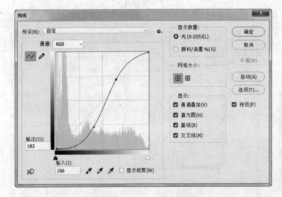

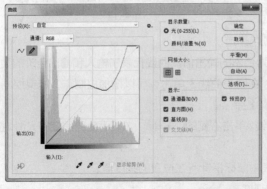

图 4-15

4.1.5 课堂案例——制作化妆品网店详情页主图

【案例学习目标】学习使用"调整"命令调整化妆品。

【案例知识要点】使用"曝光度""曲线"和"亮度/对比度"命令调整化妆品的颜色，最终效果如图 4-16 所示。

【效果所在位置】Ch04/效果/制作化妆品网店详情页主图.psd。

错误!链接无效。

图 4-16

（1）按 Ctrl+O 组合键，打开本书云盘中的"Ch04 > 素材 > 制作化妆品网店详情页主图 > 01"文件，如图 4-17 所示。将"背景"图层拖曳到"图层"控制面板下方的"创建新图层"按钮 上进行复制，生成新的图层"背景 拷贝"。选择"图像 > 调整 > 曝光度"命令，在弹出的对话框中进行设置，如图 4-18 所示。单击"确定"按钮，效果如图 4-19 所示。

图 4-17   图 4-18   图 4-19

（2）选择"图像 > 调整 > 曲线"命令，弹出"曲线"对话框。在曲线上单击鼠标添加控制点，将"输入"项设为 200，"输出"项设为 219。再次单击鼠标添加控制点，将"输入"项设为 67，"输出"项设为 41，如图 4-20 所示。单击"确定"按钮，效果如图 4-21 所示。

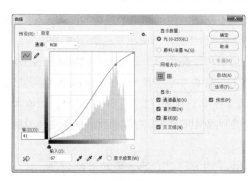

图 4-20   图 4-21

（3）选择"图像 > 调整 > 亮度/对比度"命令，在弹出的对话框中进行设置，如图 4-22 所示。单击"确定"按钮，效果如图 4-23 所示。

（4）按 Ctrl + O 组合键，打开本书云盘中的"Ch04 > 素材 > 制作化妆品网店详情页主图 > 02"文件。选择"移动"工具 ，将 02 图像拖曳到 01 图像窗口中适当的位置，如图 4-24 所示。在"图层"控制面板中生成新的图层，将其命名为"装饰"。化妆品网店详情页主图制作完成。

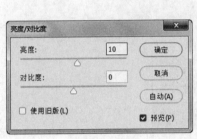  

图 4-22   图 4-23   图 4-24

4.1.6 "色阶"命令

选择"图像 > 调整 > 色阶"命令，或按 Ctrl+L 组合键，弹出"色阶"对话框，如图 4-25 所示。

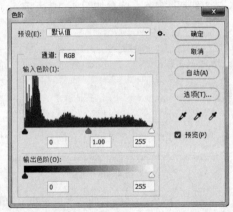

图 4-25

对话框中间是一个直方图，其横坐标范围为 0~255，表示亮度值；纵坐标为图像的像素数。

"通道"选项：可以从其下拉列表中选择不同的颜色通道来调整图像。如果想选择两个以上的色彩通道，要先在"通道"控制面板中选择所需要的通道，再调出"色阶"对话框。

"输入色阶"项：控制图像选定区域的最暗和最亮色彩，通过输入数值或拖曳三角形滑块来调整图像。左侧的数值框和黑色滑块用于调整黑色，图像中低于该亮度值的所有像素将变为黑色。中间的数值框和灰色滑块用于调整灰度，其数值范围在 0.1~9.99，1.00 为中性灰度；数值大于 1.00 时，将降低图像中间灰度；数值小于 1.00 时，将提高图像中间灰度。右侧的数值框和白色滑块用于调整白色，图像中高于该亮度值的所有像素将变为白色。

调整"输入色阶"项的 3 个滑块后，图像产生的不同色彩效果如图 4-26 所示。

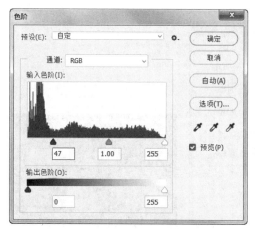

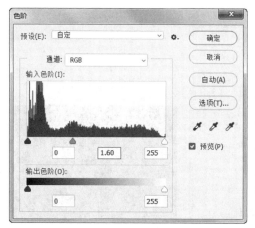

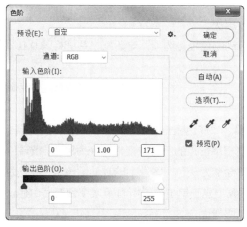

图 4-26

　　"输出色阶"项：可以通过输入数值或拖曳三角形滑块来控制图像的亮度范围。左侧数值框和黑色滑块用于调整图像的最暗像素的亮度；右侧数值框和白色滑块用于调整图像最亮像素的亮度。输出色阶的调整将增加图像的灰度，降低图像的对比度。

　　调整"输出色阶"选项的两个滑块后，图像产生的不同色彩效果如图 4-27 所示。

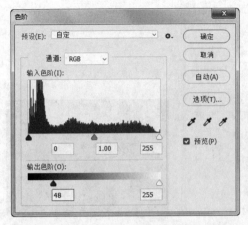

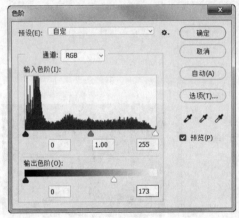

图 4-27

(自动(A)) 按钮：可以自动调整图像并设置层次。

(选项(T)...) 按钮：单击此按钮，将弹出"自动颜色校正选项"对话框，系统将以 0.10% 色阶调整幅度来对图像进行加亮和变暗。

(取消) 按钮：按住 Alt 键，此按钮转换为 (复位) 按钮，单击可以将调整过的色阶复位还原，以便重新进行设置。

✐ ✐ ✐ 按钮：分别为"黑色吸管"工具、"灰色吸管"工具和"白色吸管"工具。选中"黑色吸管"工具，用鼠标在图像中单击，图像中暗于单击点的所有像素都会变为黑色；选中"灰色吸管"工具，用鼠标在图像中单击，单击点的像素都会变为灰色，图像中的其他颜色也会相应地调整；选中"白色吸管"工具，用鼠标在图像中单击，图像中亮于单击点的所有像素都会变为白色。双击任一吸管工具，在弹出的颜色选择对话框中可以设置吸管颜色。

"预览"复选框：勾选此复选框，可以即时显示图像的调整结果。

4.1.7 "阴影/高光"命令

选择"图像 > 调整 > 阴影/高光"命令，弹出"阴影/高光"对话框。设置如图 4-28 所示。单击"确定"按钮，效果如图 4-29 所示。

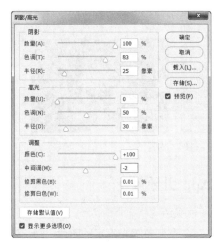

图 4-28　　　　　　　　　　　　图 4-29

4.1.8　"色彩平衡"命令

选择"图像 > 调整 > 色彩平衡"命令，或按 Ctrl+B 组合键，弹出"色彩平衡"对话框，如图 4-30 所示。

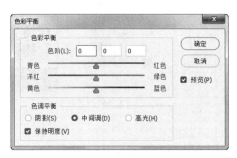

图 4-30

"色彩平衡"选项组：用于添加过渡色来平衡色彩效果，拖曳滑块可以调整整个图像的色彩，也可以在"色阶"项的数值框中直接输入数值调整图像的色彩。

"色调平衡"选项组：用于选取图像的阴影、中间调和高光。

"保持明度"复选框：用于保持原图像的亮度。

设置不同的色彩平衡后对应的图像效果如图 4-31 所示。

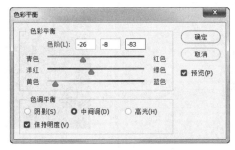

图 4-31

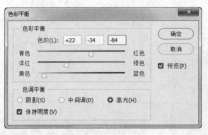

图 4-31（续）

4.1.9　课堂案例——制作时尚娱乐 App 引导页

【案例学习目标】学习使用"调整"命令调整图片颜色。

【案例知识要点】使用"色阶"和"阴影/高光"命令调整曝光不足的照片。最终效果如图 4-32 所示。

【效果所在位置】Ch04/效果/制作时尚娱乐 App 引导页.psd。

图 4-32

（1）按 Ctrl+N 组合键，弹出"新建文档"对话框，设置宽度为 750 像素，高度为 1334 像素，分辨率为 72 像素/英寸，颜色模式为 RGB，背景内容为白色。单击"创建"按钮，新建文件。

（2）按 Ctrl+O 组合键，打开本书云盘中的"Ch04 > 素材 > 制作时尚娱乐 App 引导页 > 01"文件。选择"移动"工具 ⊕，将人物图片拖曳到新建图像窗口中适当的位置，效果如图 4-33 所示。在"图层"控制面板中生成新的图层，将其命名为"人物"。

（3）选择"图像 > 调整 > 色阶"命令，在弹出的对话框中进行设置，如图 4-34 所示。单击"确定"按钮，效果如图 4-35 所示。

图 4-33

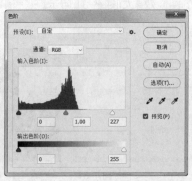

图 4-34

图 4-35

（4）选择"图像 > 调整 > 阴影/高光"命令，在弹出的对话框中进行设置，如图 4-36 所示。单击"确定"按钮，效果如图 4-37 所示。

（5）按 Ctrl+O 组合键，打开本书云盘中的"Ch04 > 素材 > 制作时尚娱乐 App 引导页 > 02"文件。选择"移动"工具 ⊕.，将 02 图片拖曳到新建的图像窗口中适当的位置，效果如图 4-38 所示。在"图层"控制面板中生成新的图层，将其命名为"文字"。时尚娱乐 App 引导页制作完成。

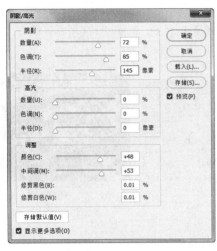

图 4-36

图 4-37

图 4-38

4.2 对图像进行特殊颜色处理

应用"去色""反相""阈值"等命令可以对图像进行特殊颜色处理。

4.2.1 "去色"命令

选择"图像 > 调整 >去色"命令，或按 Shift+Ctrl+U 组合键，可以去掉图像中的色彩，使图像变为灰度图，但图像的色彩模式并不改变。通过"去色"命令，可以对选区中的图像进行去掉色彩的处理。

4.2.2 "反相"命令

选择"图像 > 调整 > 反相"命令，或按 Ctrl+I 组合键，可以将图像或选区的像素反转为其补色，使其出现底片效果。不同色彩模式图像反相后的效果如图 4-39 所示。

RGB 色彩模式图像反相后的效果　　CMYK 色彩模式图像反相后的效果

图 4-39

提示：反相是对图像的每一个色彩通道进行反相后的合成效果，不同色彩模式的图像反相后的效果是不同的。

4.2.3 "阈值"命令

原始图像效果如图 4-40 所示。选择"图像 > 调整 > 阈值"命令，弹出"阈值"对话框。在对话框中拖曳滑块或在"阈值色阶"项的数值框中输入数值，可以改变图像的阈值，系统将大于阈值的像素变为白色，将小于阈值的像素变为黑色，使图像具有高度反差，如图 4-41 所示。单击"确定"按钮，图像效果如图 4-42 所示。

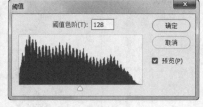

图 4-40   图 4-41   图 4-42

课堂练习——制作摩托车 App 闪屏页

【练习知识要点】使用"色彩平衡"命令修正偏色的照片，使用图层混合模式和"不透明度"选项制作图片叠加效果。最终效果如图 4-43 所示。

【效果所在位置】Ch04/效果/制作摩托车 App 闪屏页.psd。

图 4-43

课后习题——制作旅行社公众号封面首图

【习题知识要点】使用"通道混合器""黑白"和"色相/饱和度"命令调整图像颜色。最终效果如图 4-44 所示。

【效果所在位置】Ch04/效果/制作旅行社公众号封面首图.psd。

图 4-44

第 5 章
应用文字与图层

本章主要介绍 Photoshop 中文字与图层的应用技巧。通过本章的学习，读者可以快速地掌握文字的输入方法，变形文字、路径文字的制作，以及应用图层制作出多变图像效果的技巧。

课堂学习目标

- ✔ 掌握文本的输入与编辑方法
- ✔ 掌握创建变形文字与路径文字的方法
- ✔ 了解图层的基础知识
- ✔ 掌握新建填充图层和调整图层的方法
- ✔ 掌握运用图层的混合模式编辑图像的方法
- ✔ 掌握图层样式的应用
- ✔ 掌握运用图层蒙版编辑图像的方法
- ✔ 掌握剪贴蒙版的应用

5.1 文本的输入与编辑

在 Photoshop 中，我们可以应用文字工具输入文字，并使用"字符"控制面板对文字进行调整。

5.1.1 输入水平、垂直文字

选择"横排文字"工具 **T**，或按 T 键，其属性栏的状态如图 5-1 所示。

图 5-1

ıT 按钮：用于切换文字输入的方向。

Adobe 黑体 Std 选项：用于设置文字的字体及样式。

ıT 12点 选项：用于设置字体的大小。

选项：用于消除文字的锯齿，包括无、锐利、犀利、浑厚和平滑 5 个选项。

按钮：用于设置文字的段落格式，分别是左对齐、居中对齐和右对齐。

按钮：用于设置文字的颜色。

按钮：用于对文字进行变形操作。

按钮：用于打开"段落"和"字符"控制面板。

按钮：用于取消对文字的操作。

按钮：用于确认对文字的操作。

按钮：用于从文本图层创建 3D 对象。

选择"直排文字"工具，可以在图像中创建直排文字。其属性栏与"横排文字"工具属性栏的功能基本相同，这里不再赘述。

5.1.2 输入段落文字

选择"横排文字"工具，将鼠标指针移动到图像窗口中，指针变为图标。此时按住鼠标左键不放，拖曳鼠标在图像窗口中创建一个段落定界框，如图 5-2 所示。插入点显示在段落定界框的左上角。定界框具有自动换行的功能，如果输入的文字较多，则当文字遇到定界框时，会自动换到下一行显示，效果如图 5-3 所示。如果输入的文字需要分段落，可以按 Enter 键进行操作。还可以对定界框进行旋转、拉伸等操作。

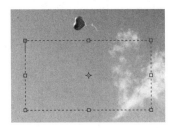
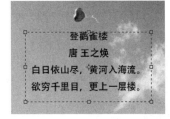

图 5-2   图 5-3

5.1.3 栅格化文字

"图层"控制面板中文字图层的效果如图 5-4 所示。选择"图层 > 栅格化 > 文字"命令，可以将文字图层转换为图像图层，如图 5-5 所示。也可以在文字图层上单击鼠标右键，在弹出的菜单中选择"栅格化文字"命令。

图 5-4   图 5-5

5.1.4 载入文字的选区

通过文字工具在图像窗口中输入文字后，在"图层"控制面板中会自动生成文字图层。如果需要文字的选区，可以按住 Ctrl 键的同时，单击文字图层的缩览图，载入文字选区。

5.2 创建变形文字与路径文字

在 Photoshop 中，应用"变形文字"对话框与路径工具可以制作出多样的文字变形。

5.2.1 变形文字

应用"变形文字"对话框可以将文字进行多种样式的变形，如扇形、旗帜、波浪、膨胀、扭转等。

1. 制作扭曲变形文字

在图像中输入文字，如图 5-6 所示。单击文字工具属性栏中的"创建文字变形"按钮，弹出"变形文字"对话框，如图 5-7 所示。在"样式"选项的下拉列表中包含了多种文字的变形效果，如图 5-8 所示。

图 5-6   图 5-7   图 5-8

文字的多种变形效果如图 5-9 所示。

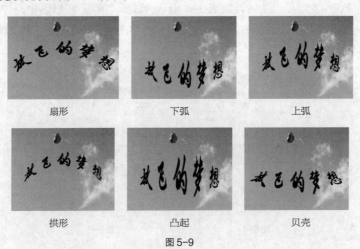

扇形   下弧   上弧

拱形   凸起   贝壳

图 5-9

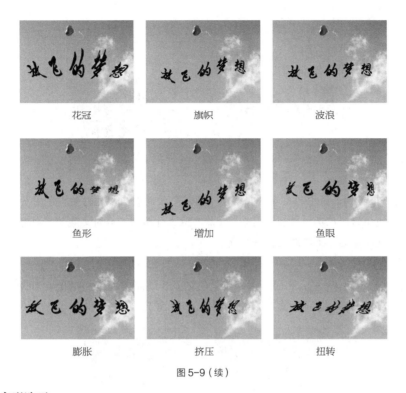

花冠　　　　　　　旗帜　　　　　　　波浪

鱼形　　　　　　　增加　　　　　　　鱼眼

膨胀　　　　　　　挤压　　　　　　　扭转

图 5-9（续）

2. 设置变形选项

如果要修改文字的变形效果，可以打开"变形文字"对话框，在对话框中重新设置样式或更改当前应用样式的数值。

3. 取消文字变形效果

如果要取消文字的变形效果，可以打开"变形文字"对话框，在"样式"选项的下拉列表中选择"无"。

5.2.2 路径文字

可以将文字建立在路径上，并应用路径对文字进行调整。

1. 在路径上创建文字

选择"钢笔"工具 ，在图像中绘制一条路径，如图 5-10 所示。选择"横排文字"工具 **T**，将鼠标指针放在路径上，指针将变为 图标，如图 5-11 所示。单击路径出现闪烁的光标，此处为输入文字的起始点。输入的文字会沿着路径的形状进行排列，效果如图 5-12 所示。

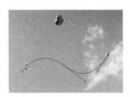

图 5-10　　　　　　　图 5-11　　　　　　　图 5-12

文字输入完成后，在"路径"控制面板中会自动生成文字路径层，如图 5-13 所示。取消"视图 ＞

显示额外内容"命令的选中状态,可以隐藏文字路径,如图 5-14 所示。

图 5-13　　　　　　　　　　　图 5-14

提示: "路径"控制面板中的文字路径层与"图层"控制面板中相对的文字图层是相链接的,删除文字图层时,文字的路径层会自动被删除,删除其他工作路径不会对文字的排列有影响。如果要修改文字的排列形状,需要对文字路径进行修改。

2. 在路径上移动文字

选择"路径选择"工具，将鼠标指针放置在文字上,指针显示为图标,如图 5-15 所示。单击并沿着路径拖曳鼠标,可以移动文字,效果如图 5-16 所示。

图 5-15　　　　　　　　　　　图 5-16

3. 在路径上翻转文字

选择"路径选择"工具，将鼠标指针放置在文字上,指针显示为图标,如图 5-17 所示。将文字向路径下方拖曳,可以沿路径翻转文字,效果如图 5-18 所示。

图 5-17　　　　　　　　　　　图 5-18

4. 修改绕排文字的路径形状

选择"直接选择"工具，在路径上单击,路径上显示出控制手柄。拖曳控制手柄修改路径的形状,如图 5-19 所示,文字会按照修改后的路径进行排列,效果如图 5-20 所示。

图 5-19　　　　　　　　　　　图 5-20

5.2.3　课堂案例——制作休闲鞋详情页主图

【案例学习目标】学习使用文字工具和"字符"控制面板添加文字。

【案例知识要点】使用"横排文字"工具添加文字，使用"变换"命令变换文字，使用"文字变形"命令将文字变形，使用"字符"控制面板编辑文字。最终效果如图 5-21 所示。

【效果所在位置】Ch05/效果/制作休闲鞋详情页主图.psd。

图 5-21

（1）按 Ctrl＋O 组合键，打开本书云盘中的"Ch05 > 素材 > 制作休闲鞋详情页主图 > 01"文件，如图 5-22 所示。选择"横排文字"工具 ，在适当的位置输入需要的文字并选取文字，在属性栏中选择合适的字体并设置大小，填充文字为白色，效果如图 5-23 所示。在"图层"控制面板中生成新的文字图层。

图 5-22　　　　　　　　　　　图 5-23

（2）选择"窗口 > 字符"命令，弹出"字符"控制面板，将"设置所选字符的字距调整"选项设为 - 75，"水平缩放"数值项 设为 90%，其他选项的设置如图 5-24 所示。按 Enter 键确认操作，效果如图 5-25 所示。

（3）按 Ctrl+T 组合键，在文字周围出现变换框，将鼠标指针放在变换框的控制手柄外边，指针变为旋转图标 ，拖曳鼠标将文字旋转到适当的角度。按 Enter 键确认操作，效果如图 5-26 所示。

图 5-24　　　　　　　　　　　图 5-25　　　　　　　　　　　图 5-26

（4）选择"文字 > 文字变形"命令，在弹出的对话框中进行设置，如图 5-27 所示。单击"确定"按钮，效果如图 5-28 所示。

图 5-27   图 5-28

（5）单击"图层"控制面板下方的"添加图层样式"按钮 *fx*，在弹出的菜单中选择"投影"命令，在弹出的对话框中进行设置，如图 5-29 所示。单击"确定"按钮，效果如图 5-30 所示。

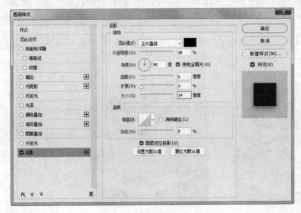

图 5-29   图 5-30

（6）选择"横排文字"工具 **T.**，在适当的位置输入需要的文字并选取文字。在"字符"控制面板中将"设置所选字符的字距调整"选项 **VA** 0 设为-75，"颜色"选项设为绿色（0、104、55），其他选项的设置如图 5-31 所示。按 Enter 键确认操作，效果如图 5-32 所示。在"图层"控制面板中生成新的文字图层。

图 5-31   图 5-32

（7）按 Ctrl+T 组合键，在文字周围出现变换框，将鼠标指针放在变换框的控制手柄外边，指针变为旋转图标⤵，拖曳鼠标将文字旋转到适当的角度。按 Enter 键确认操作，效果如图 5-33 所示。用相同的方法输入其他文字，填充适当的颜色并旋转其角度，效果如图 5-34 所示。休闲鞋详情页主图制作完成。

图 5-33　　　　　　　　图 5-34

5.3　图层基础知识

通过学习图层的基础知识，我们可以在掌握图层基本概念的基础上快速完成对图层的新建、复制、合并、删除等基础调整。

5.3.1　"图层"控制面板

"图层"控制面板列出了图像中的所有图层、图层组和图层效果，从中可以显示和隐藏图层、创建新图层及处理图层组，还可以在其弹出式菜单中设置其他命令和选项，如图 5-35 所示。

图层搜索功能：在 选项的下拉列表中可以选取 9 种不同的搜索方式。类型：可以通过单击"像素图层过滤器"按钮 🖼 、"调整图层过滤器"按钮 ◐ 、"文字图层过滤器"按钮 T 、"形状图层过滤器"按钮 ◫ 和"智能对象过滤器"按钮 ➔ 来搜索需要的图层类型。名称：可以通过在右侧的文本框中输入图层名称来搜索图层。效果：通过图层应用的图层样式来搜

图 5-35

索图层。模式：通过图层设定的混合模式来搜索图层。属性：通过图层的可见性、锁定、链接、混合和蒙版等属性来搜索图层。颜色：通过不同的图层颜色来搜索图层。智能对象：通过图层中不同智能对象的链接方式来搜索图层。选定：通过选定的图层来搜索图层。画板：通过画板来搜索图层。

图层的混合模式选项 正常 ：用于设定图层的混合模式，共包含 27 种混合模式。

"不透明度"选项：用于设定图层的不透明度。

"填充"选项：用于设定图层的填充百分比。

眼睛图标 👁 ：用于打开或隐藏图层中的内容。

锁链图标 ⊖ ：表示图层与图层之间的链接关系。

图标 T ：表示此图层为可编辑的文字层。

图标 𝑓𝑥 ：表示为图层添加了样式。

在"图层"控制面板的上方有 5 个工具按钮图标，如图 5-36 所示。

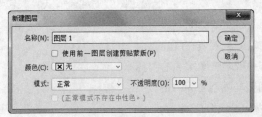

图 5-36

"锁定透明像素"按钮 ⊠：用于锁定当前图层中的透明区域，使透明区域不能被编辑。

"锁定图像像素"按钮 ✔：使当前图层和透明区域不能被编辑。

"锁定位置"按钮 ✛：使当前图层不能被移动。

"防止在画板和画框内外自动嵌套"按钮 ⤢：锁定画板在画布上的位置，防止在画板内部或外部自动嵌套。

"锁定全部"按钮 🔒：使当前图层或序列完全被锁定。

在"图层"控制面板的下方有 7 个工具按钮图标，如图 5-37 所示。

图 5-37

图 5-38

"链接图层"按钮 ⊖：使所选图层和当前图层成为一组。当对一个链接图层进行操作时，将影响一组链接图层。

"添加图层样式"按钮 𝑓𝑥：为当前图层添加图层样式效果。

"添加图层蒙版"按钮 ▢：将在当前层上创建一个蒙版。在图层蒙版中，黑色代表隐藏图像，白色代表显示图像。可以使用画笔等绘图工具对蒙版进行绘制，还可以将蒙版转换成选择区域。

"创建新的填充或调整图层"按钮 ◒：可对图层进行颜色填充和效果调整。

"创建新组"按钮 ▢：用于新建一个图层组，可在其中放入图层。

"创建新图层"按钮 ▢：用于在当前图层的上方创建一个新图层。

"删除图层"按钮 🗑：可以将不需要的图层拖曳到此处进行删除。

单击"图层"控制面板右上方的 ≡ 图标，弹出其命令菜单，如图 5-38 所示，具体内容我们将在下面的各小节进行介绍。

5.3.2　新建与复制图层

应用"新建图层"命令可以创建新的图层，应用"复制图层"命令可以对已有的图层进行复制。

1. 新建图层

单击"图层"控制面板右上方的 ≡ 图标，弹出其命令菜单，选择"新建图层"命令，弹出"新建图层"对话框，如图 5-39 所示。

图 5-39

"名称"项：用于设定新图层的名称，可以选择用前一图层创建剪贴蒙版。

"颜色"选项：用于设定新图层的颜色。

"模式"选项：用于设定当前图层的合成模式。

"不透明度"选项：用于设定当前图层的不透明度值。

单击"图层"控制面板下方的"创建新图层"按钮 🖫，可以创建一个新图层；按住 Alt 键的同时，单击"创建新图层"按钮 🖫，将弹出"新建图层"对话框。

选择"图层 > 新建 > 图层"命令，弹出"新建图层"对话框。按 Shift+Ctrl+N 组合键，也可以弹出"新建图层"对话框。

2. 复制图层

单击"图层"控制面板右上方的 ☰ 图标，弹出其命令菜单，选择"复制图层"命令，弹出"复制图层"对话框，如图 5-40 所示。

图 5-40

"为"项：用于设定复制层的名称。

"文档"选项：用于设定复制层的文件来源。

将需要复制的图层拖曳到控制面板下方的"创建新图层"按钮 🖫 上，可以将所选的图层复制为一个新图层。

选择"图层 > 复制图层"命令，弹出"复制图层"对话框，也可复制图层。

打开目标图像和需要复制的图像，将图像中需要复制的图层直接拖曳到目标图像的图层中，图层复制完成。

5.3.3 合并与删除图层

在编辑图像的过程中，我们可以将图层进行合并，并将无用的图层进行删除。

1. 合并图层

"向下合并"命令用于向下合并图层。单击"图层"控制面板右上方的 ☰ 图标，在弹出的菜单中选择"向下合并"命令，或按 Ctrl+E 组合键即可合并图层。

"合并可见图层"命令用于合并所有可见层。单击"图层"控制面板右上方的 ☰ 图标，在弹出的菜单中选择"合并可见图层"命令，或按 Shift+Ctrl+E 组合键即可合并可见图层。

"拼合图像"命令用于合并所有的图层。单击图层控制面板右上方的 ☰ 图标，在弹出的菜单中选择"拼合图像"命令，即可合并所有图层。

2. 删除图层

单击"图层"控制面板右上方的 ≡ 图标，弹出其命令菜单，选择"删除图层"命令，弹出提示对话框，如图 5-41 所示。单击"是"按钮即可删除图层。

图 5-41

选中要删除的图层，单击"图层"控制面板下方的"删除图层"按钮 🗑️，也可删除图层。或将需要删除的图层直接拖曳到"删除图层"按钮 🗑️ 上进行删除。

还可以选择"图层 > 删除 > 图层"命令删除图层。

5.3.4 显示与隐藏图层

单击"图层"控制面板中任意图层左侧的眼睛图标 👁️，可以隐藏或显示这个图层。

按住 Alt 键的同时，单击"图层"控制面板中的任意图层左侧的眼睛图标 👁️，此时，图层控制面板中将只显示这个图层，其他图层被隐藏。

5.3.5 图层的不透明度

通过"图层"控制面板上方的"不透明度"选项和"填充"选项可以调节图层的不透明度。"不透明度"选项可以用于调节图层中的图像、图层样式和混合模式的不透明度；"填充"选项可以用于调节图层中的图像和混合模式的不透明度，不能用来调节图层样式的不透明度。设置不同数值时，图像产生的不同效果如图 5-42 所示。

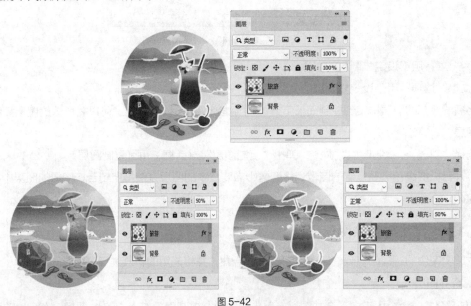

图 5-42

5.3.6 图层组

当编辑多层图像时，为了方便操作，可以将多个图层建立在一个图层组中。

单击"图层"控制面板右上方的 ≡ 图标，在弹出的菜单中选择"新建组"命令，弹出"新建组"对话框。单击"确定"按钮，新建一个图层组，如图 5-43 所示。选中要放置到组中的图层，将其向图层组中拖曳，如图 5-44 所示，选中的图层被放置在图层组中，如图 5-45 所示。

图 5-43   图 5-44   图 5-45

提示：单击"图层"控制面板下方的"创建新组"按钮 □，可以新建图层组；选择"图层 > 新建 > 组"命令，也可新建图层组；还可选中要放置在图层组中的所有图层，按 Ctrl+G 组合键，自动生成新的图层组。

5.4 填充图层和调整图层

应用填充图层可以为图像填充纯色、渐变色或图案；应用调整图层可以对图像的色彩与色调、混合与曝光度等进行调整。

5.4.1 使用填充图层

当需要新建填充图层时，可以选择"图层 > 新建填充图层"命令，弹出填充图层的 3 种格式，如图 5-46 所示。选择其中的一种格式，弹出"新建图层"对话框，如图 5-47 所示。单击"确定"按钮，程序将根据选择的填充方式弹出不同的填充对话框。

图 5-46   图 5-47

以"渐变填充"为例，如图 5-48 所示，单击"确定"按钮，"图层"控制面板和图像的效果如图 5-49、图 5-50 所示。

单击"图层"控制面板下方的"创建新的填充和调整图层"按钮 ◑，可以在弹出的菜单中选择需要的填充方式。

图 5-48   图 5-49   图 5-50

5.4.2　使用调整图层

当需要对一个或多个图层进行色彩调整时，可以选择"图层 > 新建调整图层"命令，弹出调整图层的多种方式，如图 5-51 所示。选择其中的一种方式，将弹出"新建图层"对话框，如图 5-52 所示。

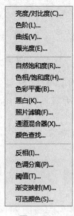

图 5-51　　　　　　　　　　　　　　　　　图 5-52

选择不同的调整方式，程序将弹出不同的调整对话框。以"色相/饱和度"为例，如图 5-53 所示，按 Enter 键确认操作，"图层"控制面板和图像的效果如图 5-54、图 5-55 所示。

图 5-53　　　　　　　　　　　图 5-54　　　　　　　　　　图 5-55

单击"图层"控制面板下方的"创建新的填充或调整图层"按钮 ，可以在弹出的菜单中选择需要的调整方式。

5.4.3　课堂案例——制作汽车工业行业活动邀请 H5

【案例学习目标】学习使用不同的调整图层调整图像颜色。

【案例知识要点】使用曲线、色彩平衡、照片滤镜和渐变映射调整层对图像进行调色，使用图层的"不透明度"选项调整颜色融合，使用"钢笔"工具抠出汽车图像。最终效果如图 5-56 所示。

【效果所在位置】Ch05/效果/制作汽车工业行业活动邀请 H5.psd。

图 5-56

（1）按 Ctrl + O 组合键，打开本书云盘中的"Ch05 > 素材 > 制作汽车工业行业活动邀请 H5 > 01"文件，如图 5-57 所示。将"背景"图层拖曳到控制面板下方的"创建新图层"按钮 ⬚ 上进行复制，生成新的图层"背景 拷贝"，如图 5-58 所示。单击复制的图层左侧的眼睛图标 ⬤，将图层隐藏，如图 5-59 所示。

图 5-57   图 5-58   图 5-59

（2）选择"背景"图层。单击"图层"控制面板下方的"创建新的填充或调整图层"按钮 ◑，在弹出的菜单中选择"曲线"命令。在"图层"控制面板中生成"曲线 1"图层，同时弹出"曲线"控制面板。在曲线上单击鼠标添加控制点，将"输入"项设为 206，"输出"项设为 189。在曲线上再次单击鼠标添加控制点，将"输入"项设为 119，"输出"项设为 133。在曲线上再次单击鼠标添加控制点，将"输入"项设为 44，"输出"项设为 75，如图 5-60 所示。按 Enter 键确认操作，效果如图 5-61 所示。

（3）在"图层"控制面板上方，将"曲线 1"图层的"不透明度"选项设为 15%，如图 5-62 所示。按 Enter 键确认操作，效果如图 5-63 所示。

图 5-60   图 5-61   图 5-62   图 5-63

（4）单击"图层"控制面板下方的"创建新的填充或调整图层"按钮 ⦿ ，在弹出的菜单中选择"曲线"命令。在"图层"控制面板中生成"曲线 2"图层，同时弹出"曲线"控制面板。在曲线上单击鼠标添加控制点，将"输入"项设为 204，"输出"项设为 119。在曲线上再次单击鼠标添加控制点，将"输入"项设为 32，"输出"项设为 74，如图 5-64 所示。按 Enter 键确认操作，效果如图 5-65 所示。

（5）在"图层"控制面板上方，将"曲线 2"图层的"不透明度"选项设为 15%，如图 5-66 所示。按 Enter 键确认操作，效果如图 5-67 所示。

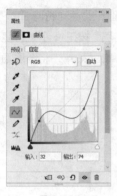

图 5-64   图 5-65   图 5-66   图 5-67

（6）单击"图层"控制面板下方的"创建新的填充或调整图层"按钮 ⦿ ，在弹出的菜单中选择"色彩平衡"命令。在"图层"控制面板中生成"色彩平衡 1"图层，同时弹出"色彩平衡"控制面板。设置如图 5-68 所示，按 Enter 键确认操作。在"图层"控制面板上方，将"色彩平衡 1"图层的"不透明度"选项设为 15%。按 Enter 键确认操作，效果如图 5-69 所示。

（7）单击"图层"控制面板下方的"创建新的填充或调整图层"按钮 ⦿ ，在弹出的菜单中选择"照片滤镜"命令。在"图层"控制面板中生成"照片滤镜 1"图层，同时弹出"照片滤镜"控制面板。设置如图 5-70 所示，按 Enter 键确认操作。在"图层"控制面板上方，将"照片滤镜 1"图层的"不透明度"选项设为 15%。按 Enter 键确认操作，效果如图 5-71 所示。

图 5-68   图 5-69   图 5-70   图 5-71

（8）单击"图层"控制面板下方的"创建新的填充或调整图层"按钮 ⦿ ，在弹出的菜单中选择"渐变映射"命令。在"图层"控制面板中生成"渐变映射 1"图层，同时弹出"渐变映射"控制面板。

设置如图 5-72 所示，按 Enter 键确认操作。在"图层"控制面板上方，将"渐变映射 1"图层的"不透明度"选项设为 15%。按 Enter 键确认操作，效果如图 5-73 所示。

（9）单击"图层"控制面板下方的"创建新的填充或调整图层"按钮 ⊘，在弹出的菜单中选择"色彩平衡"命令。在"图层"控制面板中生成"色彩平衡 2"图层，同时弹出"色彩平衡"控制面板。设置如图 5-74 所示，按 Enter 键确认操作。在"图层"控制面板上方，将"色彩平衡 2"图层的"不透明度"选项设为 15%，按 Enter 键确认操作，效果如图 5-75 所示。

图 5-72　　　　　　　图 5-73　　　　　　　图 5-74　　　　　　　图 5-75

（10）单击"图层"控制面板下方的"创建新的填充或调整图层"按钮 ⊘，在弹出的菜单中选择"色彩平衡"命令。在"图层"控制面板中生成"色彩平衡 3"图层，同时弹出"色彩平衡"控制面板。设置如图 5-76 所示，按 Enter 键确认操作。在"图层"控制面板上方，将"色彩平衡 3"图层的"不透明度"选项设为 15%。按 Enter 键确认操作，效果如图 5-77 所示。

（11）单击复制图层左侧的空白图标 □，显示该图层。选择"钢笔"工具 ⊘，在属性栏的"选择工具模式"选项中选择"路径"，在图像窗口中沿车身绘制路径。按 Ctrl+Enter 组合键，将路径转换为选区，如图 5-78 所示。按 Shift+Ctrl+I 组合键，反选选区。按 Delete 键，删除选区内部图像。按 Ctrl+D 组合键，取消选区，效果如图 5-79 所示。

图 5-76　　　　　　　图 5-77　　　　　　　图 5-78　　　　　　　图 5-79

（12）在"图层"控制面板上方，将复制图层的混合模式选项设为"浅色"，如图 5-80 所示，图像效果如图 5-81 所示。按 Ctrl＋O 组合键，打开本书云盘中的"Ch05 > 素材 > 制作汽车工业行业活动邀请 H5 > 02"文件。选择"移动"工具 ⊕，将 02 文件拖曳到图像窗口中适当的位置，效果如图 5-82 所示。在"图层"控制面板中生成新图层，将其命名为"环境"。汽车工业行业活动邀请 H5 效果制作完成。

图 5-80   图 5-81   图 5-82

5.5   图层的混合模式

图层的混合模式功能用于为图层添加不同的模式，使图像产生不同的效果。

5.5.1   使用混合模式

在"图层"控制面板中，| 正常 ▾ |选项用于设定图层的混合模式，它包含 27 种模式。

打开一幅图像，如图 5-83 所示，"图层"控制面板中的效果如图 5-84 所示。在对"旅游"图层应用不同的混合模式后，图像效果如图 5-85 所示。

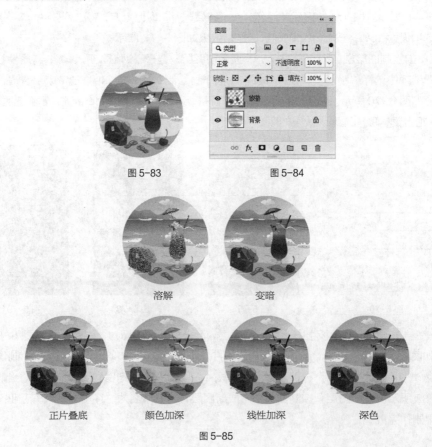

图 5-83   图 5-84

溶解   变暗

正片叠底   颜色加深   线性加深   深色

图 5-85

变亮　　　　滤色　　　　颜色减淡　　　线性减淡（添加）

浅色　　　　叠加　　　　柔光　　　　强光

亮光　　　　线性光　　　　点光　　　　实色混合

差值　　　　排除　　　　减去　　　　划分

色相　　　　饱和度　　　　颜色　　　　明度

图 5-85（续）

5.5.2　课堂案例——制作文化创意运营海报

【案例学习目标】学习使用混合模式制作图片的融合。

【案例知识要点】使用"移动"工具和混合模式制作创意图片的融合，使用图层蒙版和"画笔"工具调整图片的融合。最终效果如图 5-86 所示。

【效果所在位置】Ch05/效果/制作文化创意运营海报.psd。

图 5-86

（1）按 Ctrl+N 组合键，弹出"新建文档"对话框，设置宽度为 750 像素，高度为 1181 像素，分辨率为 72 像素/英寸，颜色模式为 RGB，背景内容为白色。单击"创建"按钮，新建一个文件。

（2）按 Ctrl+O 组合键，打开本书云盘中的"Ch05 > 素材 > 制作文化创意运营海报 > 01、02"文件。选择"移动"工具 ，将图片分别拖曳到新建的图像窗口中适当的位置，并调整其大小，效果如图 5-87 所示。在"图层"控制面板中生成新图层，将它们分别命名为"人物"和"风景"。

（3）在"图层"控制面板上方，将"风景"图层的混合模式选项设为"强光"，如图 5-88 所示，图像效果如图 5-89 所示。

图 5-87   图 5-88   图 5-89

（4）单击"图层"控制面板下方的"添加图层蒙版"按钮 ，为"风景"图层添加图层蒙版，如图 5-90 所示。将前景色设为黑色。选择"画笔"工具 ，在属性栏中单击"画笔"选项右侧的按钮 ，在弹出的画笔选择面板中选择需要的画笔形状，设置如图 5-91 所示。在属性栏中将"不透明度"选项设为 47%，"流量"选项设为 59%，"平滑"选项设为 49%，在图像窗口中进行涂抹，擦除不需要的部分，效果如图 5-92 所示。

图 5-90   图 5-91   图 5-92

（5）按 Ctrl+O 组合键，打开本书云盘中的"Ch05 > 素材 > 制作文化创意运营海报 > 03"文件。选择"移动"工具 ⊕，将图片拖曳到新建的图像窗口中适当的位置，并调整其大小，效果如图 5-93 所示。在"图层"控制面板中生成新图层，将其命名为"森林"。

（6）在"图层"控制面板上方，将"森林"图层的混合模式选项设为"变亮"，如图 5-94 所示，图像效果如图 5-95 所示。

| 图 5-93 | 图 5-94 | 图 5-95 |

（7）单击"图层"控制面板下方的"添加图层蒙版"按钮 ▢，为"森林"图层添加图层蒙版，如图 5-96 所示。选择"画笔"工具 ✎，在图像窗口中进行涂抹，擦除不需要的部分，效果如图 5-97 所示。

| 图 5-96 | 图 5-97 |

（8）按 Ctrl+O 组合键，打开本书云盘中的"Ch05 > 素材 > 制作文化创意运营海报 > 04"文件。选择"移动"工具 ⊕，将图片拖曳到新建的图像窗口中适当的位置，并调整其大小，效果如图 5-98 所示，在"图层"控制面板中生成新图层，将其命名为"云"。

（9）在"图层"控制面板上方，将"云"图层的混合模式选项设为"点光"，如图 5-99 所示，图像效果如图 5-100 所示。

| 图 5-98 | 图 5-99 | 图 5-100 |

（10）单击"图层"控制面板下方的"添加图层蒙版"按钮 ▣，为"云"图层添加图层蒙版，如图 5-101 所示。选择"画笔"工具 ✎，在图像窗口中进行涂抹，擦除不需要的部分，效果如图 5-102 所示。

（11）按 Ctrl+O 组合键，打开本书云盘中的"Ch05 ＞ 素材 ＞ 制作文化创意运营海报 ＞ 05"文件。选择"移动"工具 ✛，将文字拖曳到新建的图像窗口中适当的位置，效果如图 5-103 所示。在"图层"控制面板中生成新图层，将其命名为"文字"。文化创意运营海报制作完成。

图 5-101　　　　　　图 5-102　　　　　　图 5-103

5.6　图层样式

Photoshop 提供了多种图层样式的添加方式供选择，我们可以单独为图像添加一种样式，还可同时为图像添加多种样式。应用图层样式命令可以为图像添加投影、外发光、斜面、浮雕等效果，制作出特殊效果的文字和图形。

5.6.1　图层样式

单击"图层"控制面板下方的"添加图层样式"按钮 fx，在弹出的菜单中选择不同的图层样式命令，生成的效果如图 5-104 所示。

图 5-104

图案叠加　　　　　　外发光　　　　　　投影

图 5-104（续）

5.6.2 复制和粘贴图层样式

"拷贝图层样式"和"粘贴图层样式"命令是对多个图层应用相同样式效果的快捷方式。用鼠标右键单击要复制样式的图层，在弹出的菜单中选择"拷贝图层样式"命令，再选择要粘贴样式的图层，单击鼠标右键，在弹出的菜单中选择"粘贴图层样式"命令即可。

5.6.3 清除图层样式

当对图像所应用的样式不满意时，可以将样式进行清除。选中要清除样式的图层，单击鼠标右键，从菜单中选择"清除图层样式"命令，即可将图像中添加的样式清除。

5.6.4 课堂案例——制作光亮环电子数码公众号首页次图

【案例学习目标】学习使用多种图层样式制作出公众号首页次图。

【案例知识要点】使用"横排文字"工具、"自定形状"工具和"高斯模糊"命令添加图形和文字，使用图层样式制作光亮字体。最终效果如图 5-105 所示。

【效果所在位置】Ch05/效果/制作光亮环电子数码公众号首页次图.psd。

图 5-105

（1）按 Ctrl+N 组合键，弹出"新建文档"对话框，设置宽度为 200 像素，高度为 200 像素，分辨率为 72 像素/英寸，颜色模式为 RGB，背景内容为白色。单击"创建"按钮，新建一个文件。

（2）按 Ctrl+O 组合键，打开本书云盘中的"Ch05 > 素材 > 制作光亮环电子数码公众号首页次图 > 01"文件。选择"移动"工具 ⊕，将图片拖曳到新建图像窗口中适当的位置，并调整其大小，效果如图 5-106 所示。在"图层"控制面板中生成新图层，将其命名为"星空"。

（3）将前景色设为紫色（152、92、165）。选择"横排文字"工具 **T.**，在适当的位置输入需要的文字并选取文字，在属性栏中选择合适的字体并设置大小，按 Alt+←组合键调整文字字距，效果如图 5-107 所示。在"图层"控制面板中生成新的文字图层。

图 5-106   图 5-107

（4）新建图层并将其命名为"图形"。选择"自定形状"工具 ，单击"形状"选项右侧的按钮 ，弹出形状选择面板。单击面板右上方的 按钮，在弹出的菜单中选择"全部"命令，弹出提示对话框，单击"确定"按钮。在形状选择面板中选择需要的图形，如图 5-108 所示。在属性栏中"选择工具模式"选项中选择"像素"，在图像窗口中拖曳绘制图形，如图 5-109 所示。

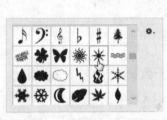

图 5-108   图 5-109

（5）在"图层"控制面板中，按住 Shift 键的同时，将"Starry Night"文字图层和"图形"图层同时选取，如图 5-110 所示。按 Ctrl+E 组合键，合并选中的图层，并将其命名为"图形文字"，如图 5-111 所示。

图 5-110   图 5-111

（6）按 Ctrl+J 组合键，复制"图形文字"图层，生成新的图层"图形文字 拷贝"，并将其拖曳到"图形文字"图层的下方，如图 5-112 所示。选择"滤镜 > 模糊 > 高斯模糊"命令，在弹出的对话框中进行设置，如图 5-113 所示。单击"确定"按钮，效果如图 5-114 所示。

图 5-112

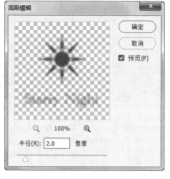
图 5-113

图 5-114

（7）选择"图形文字"图层。在"图层"控制面板上方，将该图层的"填充"选项设为 0%，如图 5-115 所示。按 Enter 键确认操作，图像效果如图 5-116 所示。

图 5-115

图 5-116

（8）单击"图层"控制面板下方的"添加图层样式"按钮 fx，在弹出的菜单中选择"斜面和浮雕"命令，在弹出的对话框中进行设置，如图 5-117 所示。选择"颜色叠加"选项，切换到相应的对话框中，将叠加颜色设为白色，其他选项的设置如图 5-118 所示。

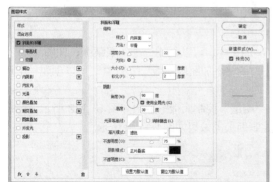
图 5-117

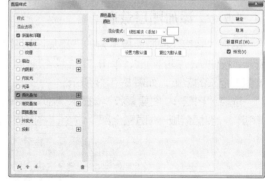
图 5-118

（9）选择"外发光"选项，切换到相应的对话框中，将发光颜色设为白色，其他选项的设置如图 5-119 所示；选择"投影"选项，切换到相应的对话框中，将叠加颜色设为白色，其他选项的设置如图 5-120 所示。单击"确定"按钮，效果如图 5-121 所示。光亮环电子数码公众号首页次图制作完成。

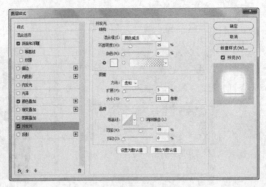

图 5-119

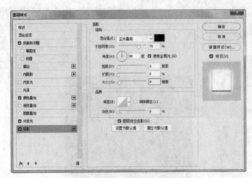

图 5-120

图 5-121

5.7 图层蒙版

在编辑图像时，我们可以为某一图层或多个图层添加蒙版，并对添加的蒙版进行编辑、隐藏、链接、删除等操作。

5.7.1 添加图层蒙版

单击"图层"控制面板下方的"添加图层蒙版"按钮 ◘ ，可以创建一个图层蒙版，如图 5-122 所示。按住 Alt 键的同时，单击"图层"控制面板下方的"添加图层蒙版"按钮 ◘ ，可以创建一个遮盖图层全部的蒙版，如图 5-123 所示。

选择"图层 > 图层蒙版 > 显示全部"命令，"图层"控制面板的效果如图 5-122 所示。选择"图层 > 图层蒙版 > 隐藏全部"命令，"图层"控制面板的效果如图 5-123 所示。

图 5-122

图 5-123

5.7.2 编辑图层蒙版

单击"图层"控制面板下方的"添加图层蒙版"按钮 ▢，为图层创建蒙版，如图 5-124 所示。将前景色设为黑色。选择"画笔"工具 ✒，属性栏如图 5-125 所示进行设定，在图层蒙版中按所需的效果进行涂抹，图像效果如图 5-126 所示。

图 5-124   图 5-125   图 5-126

在"图层"控制面板中，图层的蒙版效果如图 5-127 所示。选择"通道"控制面板，显示出图层的蒙版通道，如图 5-128 所示。

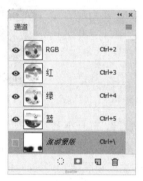

图 5-127   图 5-128

5.7.3 课堂案例——制作饰品类公众号封面首图

【案例学习目标】学习使用混合模式和图层蒙版制作阴影图像。

【案例知识要点】使用图层的混合模式融合图片，使用"垂直翻转"命令、图层蒙版和"画笔"工具制作倒影。最终效果如图 5-129 所示。

【效果所在位置】Ch05/效果/制作饰品类公众号封面首图.psd。

图 5-129

（1）按 Ctrl+O 组合键，打开本书云盘中的"Ch05 > 素材 > 制作饰品类公众号封面首图 > 01、02"文件，如图 5-130 所示。选择"移动"工具 ⊕.，将 02 图片拖曳到 01 图像窗口中适当的位置，效果如图 5-131 所示。在"图层"控制面板中生成新图层，将其命名为"齿轮"。

图 5-130　　　　　　　　　　　　　　　　图 5-131

（2）在"图层"控制面板上方，将"齿轮"图层的混合模式选项设为"正片叠底"，如图 5-132 所示，图像效果如图 5-133 所示。

图 5-132　　　　　　　　　　　　　　　　图 5-133

（3）按 Ctrl+O 组合键，打开本书云盘中的"Ch05 > 素材 > 制作饰品类公众号封面首图 > 03"文件。选择"移动"工具 ⊕.，将 03 图片拖曳到 01 图像窗口中适当的位置，效果如图 5-134 所示。在"图层"控制面板中生成新图层，将其命名为"手表 1"。

（4）按 Ctrl+J 组合键，复制图层，生成新的图层"手表 1 拷贝"，将其拖曳到"手表 1"图层的下方，如图 5-135 所示。

图 5-134　　　　　　　　　　　　　　　　图 5-135

（5）按 Ctrl+T 组合键，在图像周围出现变换框。在变换框中单击鼠标右键，在弹出的菜单中选择"垂直翻转"命令，垂直翻转图像，并拖曳到适当的位置。按 Enter 键确认操作，效果如图 5-136 所示。单击"图层"控制面板下方的"添加图层蒙版"按钮 ▣，为图层添加蒙版，如图 5-137 所示。

图 5-136   图 5-137

（6）选择"渐变"工具 ■.，单击属性栏中的"点按可编辑渐变"按钮 ▬▬▬▬ ，弹出"渐变编辑器"对话框。将渐变色设为从黑色到白色，如图 5-138 所示，单击"确定"按钮。在图像下方从下向上拖曳渐变色，效果如图 5-139 所示。

图 5-138   图 5-139

（7）按 Ctrl+O 组合键，打开本书云盘中的"Ch05 > 素材 > 制作饰品类公众号封面首图 > 04"文件。选择"移动"工具 ↔.，将 04 图片拖曳到 01 图像窗口中适当的位置，效果如图 5-140 所示。在"图层"控制面板中生成新图层，将其命名为"手表 2"。

（8）按 Ctrl+J 组合键，复制图层，生成新的图层"手表 2 拷贝"，将其拖曳到"手表 2"图层的下方。用相同的的方法制作手表倒影效果，如图 5-141 所示。

图 5-140   图 5-141

（9）按 Ctrl+O 组合键，打开本书云盘中的"Ch05 > 素材 > 制作饰品类公众号封面首图 > 05"文件。选择"移动"工具 ↔.，将 05 图片拖曳到 01 图像窗口中适当的位置，效果如图 5-142 所示。在"图层"控制面板中生成新图层，将其命名为"文字"。饰品类公众号封面首图制作完成。

图 5-142

<h2>5.8　剪贴蒙版</h2>

剪贴蒙版是使用某个图层的内容来遮盖其下方的图层，遮盖效果由基底图层决定。

打开一幅图片，如图 5-143 所示。"图层"控制面板中的效果如图 5-144 所示。按住 Alt 键的同时，将鼠标指针放置到"旅游"和"形状 1"图层的中间位置，指针变为 ↓□图标，如图 5-145 所示。

图 5-143　　　　　　　　　图 5-144　　　　　　　　　图 5-145

单击鼠标左键，制作图层的剪贴蒙版，如图 5-146 所示，图像窗口中的效果如图 5-147 所示。选择"移动"工具 ↔，可以随便移动"旅游"图层中的图像，效果如图 5-148 所示。

如果要取消剪贴蒙版，可以选中剪贴蒙版组中上方的图层，选择"图层 > 释放剪贴蒙版"命令，或按 Alt+Ctrl+G 组合键。

图 5-146　　　　　　　　　图 5-147　　　　　　　　　图 5-148

课堂练习——制作爱宝课堂公众号封面首图

【练习知识要点】使用"横排文字"工具和"文字变形"命令制作宣传文字，使用图层样式为文字添加特殊效果，使用"椭圆"工具绘制装饰图形。最终效果如图 5-149 所示。

【效果所在位置】Ch05/效果/制作爱宝课堂公众号封面首图.psd。

图 5-149

课后习题——制作家电类网站首页 Banner

【习题知识要点】使用"移动"工具添加图片，使用图层混合模式、图层蒙版和"画笔"工具制作火焰和文字。最终效果如图 5-150 所示。

【效果所在位置】Ch05/效果/制作家电类网站首页 Banner.psd。

图 5-150

第6章
使用通道与滤镜

本章主要介绍通道与滤镜的使用方法。通过对本章的学习，读者可以掌握通道的基本操作、通道蒙版的创建和使用方法，以及滤镜功能的使用技巧，从而能快速、准确地创作出生动精彩的图像。

课堂学习目标

✔ 掌握通道的操作方法和技巧
✔ 掌握运用通道蒙版编辑图像的方法
✔ 了解滤镜库的功能
✔ 掌握滤镜的应用方法和使用技巧

6.1 通道的操作

应用"通道"控制面板可以对通道进行创建、复制、删除等操作。

6.1.1 "通道"控制面板

"通道"控制面板可以管理所有的通道并对通道进行编辑。

选择"窗口 > 通道"命令，弹出"通道"控制面板，如图6-1所示。在控制面板中，放置区用于存放当前图像中存在的所有通道。如果选中的只是其中的一个通道，则只有这个通道处于选中状态，通道上将出现一个灰色条。如果想选中多个通道，可以按住Shift键，再单击其他通道。通道左侧的眼睛图标 ⊙ 用于显示或隐藏颜色通道。

在"通道"控制面板的底部有4个工具按钮，如图6-2所示。

图6-1

图6-2

"将通道作为选区载入"按钮 ⊙：用于将通道作为选择区域调出。

"将选区存储为通道"按钮 ▣：用于将选择区域存入通道中。

"创建新通道"按钮 ▣：用于创建或复制新的通道。

"删除当前通道"按钮 🗑：用于删除图像中的通道。

6.1.2 创建新通道

在编辑图像的过程中，我们可以根据需要建立新的通道。

单击"通道"控制面板右上方的 ≡ 图标，弹出其命令菜单，选择"新建通道"命令，弹出"新建通道"对话框，如图 6-3 所示。

"名称"项：用于设定当前通道的名称。

"色彩指示"选项组：用于选择两种区域方式。

"颜色"选项组：用于设定新通道的颜色。

"不透明度"数值项：用于设定当前通道的不透明度。

单击"确定"按钮，"通道"控制面板中将创建一个新通道，即 Alpha 1，面板如图 6-4 所示。

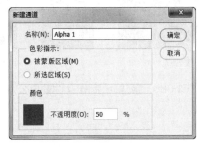

图 6-3

图 6-4

单击"通道"控制面板下方的"创建新通道"按钮 ▣，也可以创建一个新通道。

6.1.3 复制通道

"复制通道"命令用于将现有的通道进行复制，产生相同属性的多个通道。

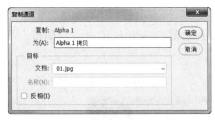

图 6-5

单击"通道"控制面板右上方的 ≡ 图标，弹出其命令菜单，选择"复制通道"命令，弹出"复制通道"对话框，如图 6-5 所示。设置好后，单击"确定"按钮，即可复制通道。

"为"项：用于设定复制出的新通道的名称。

"文档"选项：用于设定复制通道的文件来源。

将"通道"控制面板中需要复制的通道拖曳到下方的"创建新通道"按钮 ▣ 上，也可将所选的通道复制为一个新的通道。

6.1.4 删除通道

不用的或废弃的通道可以将其删除，以免影响操作。

单击"通道"控制面板右上方的 ≡ 图标，弹出其命令菜单，选择"删除通道"命令，即可将通道删除。

　　单击"通道"控制面板下方的"删除当前通道"按钮 🗑，弹出提示对话框，如图 6-6 所示。单击"是"按钮，也可将通道删除。还可将需要删除的通道直接拖曳到"删除当前通道"按钮 🗑 上进行删除。

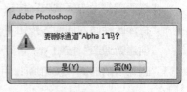

图 6-6

6.1.5　课堂案例——制作女性健康公众号首页次图

【案例学习目标】学习使用"应用图像"命令制作需要的效果。

【案例知识要点】使用"应用图像"命令制作合成图像。最终效果如图 6-7 所示。

【效果所在位置】Ch06/效果/制作女性健康公众号首页次图.psd。

图 6-7

　　（1）按 Ctrl+O 组合键，打开本书云盘中的"Ch06 > 素材 > 制作女性健康公众号首页次图 > 01、02"文件，如图 6-8 和图 6-9 所示。

图 6-8　　　　　　　　　　图 6-9

　　（2）选择"图像 > 应用图像"命令，在弹出的对话框中进行设置，如图 6-10 所示。单击"确定"按钮，图像效果如图 6-11 所示。

图 6-10　　　　　　　　　　图 6-11

（3）选择"图像 > 调整 > 曲线"命令，弹出对话框。在曲线上单击鼠标添加控制点，将"输入"项设为 216，"输出"项设为 224，如图 6-12 所示。在曲线上再次单击鼠标添加控制点，将"输入"项设为 40，"输出"项设为 27，如图 6-13 所示。单击"确定"按钮，图像效果如图 6-14 所示。女性健康公众号首页次图制作完成。

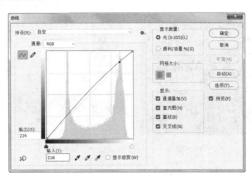

图 6-12

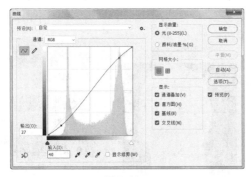

图 6-13

图 6-14

6.2　通道蒙版

在通道中可以快速地创建蒙版，还可以存储蒙版。

6.2.1　快速蒙版的制作

选择快速蒙版功能，可以使图像快速地进入蒙版编辑状态。

打开一幅图像，如图 6-15 所示。选择"快速选择"工具 ，在属性栏中按图 6-16 所示进行设置。

图 6-15

图 6-16

使用工具选择人物，如图 6-17 所示。单击工具箱下方的"以快速蒙版模式编辑"按钮 ⬜，进入蒙版状态，选区暂时消失，图像的未选择区域变为红色，如图 6-18 所示。"通道"控制面板中将自动生成快速蒙版，如图 6-19 所示，快速蒙版图像如图 6-20 所示。

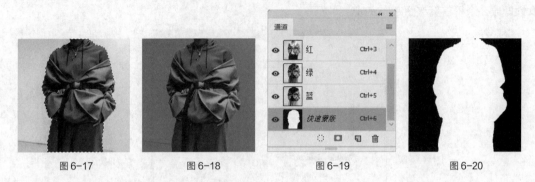

图 6-17　　　　　图 6-18　　　　　图 6-19　　　　　图 6-20

提示： 系统预设的蒙版颜色为半透明的红色。

选择"画笔"工具 ✏，在属性栏中进行设置，如图 6-21 所示。将快速蒙版中的人物绘制成白色，图像效果和快速蒙版如图 6-22、图 6-23 所示。

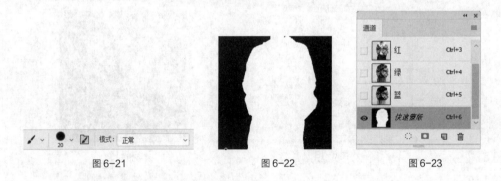

图 6-21　　　　　图 6-22　　　　　图 6-23

6.2.2　在 Alpha 通道中存储蒙版

用选区工具在图像窗口中生成选区，效果如图 6-24 所示。选择"选择 > 存储选区"命令，弹出"存储选区"对话框。按图 6-25 所示进行设置。单击"确定"按钮，建立通道蒙版；或单击"通道"控制面板中的"将选区存储为通道"按钮 ⬜，建立通道蒙版。效果如图 6-26 和图 6-27 所示。

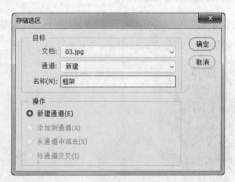

图 6-24　　　　　　　　　图 6-25

图 6-26   图 6-27

将图像保存，再次打开图像时，选择"选择 > 载入选区"命令，弹出"载入选区"对话框。按图 6-28 所示进行设置。单击"确定"按钮，将通道的选择区域载入；或单击"通道"控制面板中的"将通道作为选区载入"按钮 ○，将通道作为选择区域载入。

图 6-28

6.2.3　课堂案例——制作教育类公众号封面首图

【案例学习目标】学习使用快速蒙版抠出人物。

【案例知识要点】使用"快速选择"工具、"收缩"命令和快速蒙版抠出人物，使用"移动"工具添加人物和腮红。最终效果如图 6-29 所示。

【效果所在位置】Ch06/效果/制作教育类公众号封面首图.psd。

图 6-29

（1）按 Ctrl+O 组合键，打开本书云盘中的"Ch06 > 素材 > 制作教育类公众号封面首图 > 01"文件，如图 6-30 所示。按 Ctrl+J 组合键，复制图层，如图 6-31 所示。

（2）选择"快速选择"工具 ，在图像窗口中的人物上拖曳鼠标绘制选区，如图 6-32 所示。选中属性栏中的"从选区减去"按钮 ，在两侧的手臂处绘制选区，如图 6-33 所示。

图 6-30

图 6-31

图 6-32

图 6-33

（3）选择"选择 > 修改 > 收缩"命令，在弹出的对话框中进行设置，如图 6-34 所示。单击"确定"按钮，效果如图 6-35 所示。按 Shift+Ctrl+I 组合键，将选区反选，如图 6-36 所示。

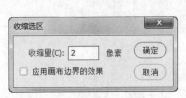
图 6-34

图 6-35

图 6-36

（4）单击属性栏中的"以快速蒙版模式编辑"按钮 ，进入快速蒙版模式，图像效果如图 6-37 所示。将前景色设为黑色。选择"画笔"工具 ，在属性栏中单击画笔选项右侧的按钮 ，在弹出的画笔选择面板中选择需要的画笔形状，如图 6-38 所示。在图像窗口中拖曳鼠标修饰图像的边缘部分，效果如图 6-39 所示。

图 6-37

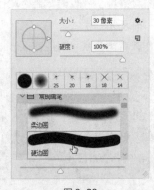
图 6-38

图 6-39

（5）单击属性栏中的"以标准模式编辑"按钮 ，进入标准模式，图像效果如图 6-40 所示。按 Shift+Ctrl+I 组合键，将选区反选，如图 6-41 所示。按 Ctrl+J 组合键，复制选区内图像，"图层"面板如图 6-42 所示。

图 6-40　　　　　　　图 6-41　　　　　　　　　图 6-42

（6）按 Ctrl + O 组合键，打开本书云盘中的"Ch06 > 素材 > 制作教育类公众号封面首图 > 02"文件，如图 6-43 所示。选择"移动"工具 ✛，将 01 图片抠出的人物图像拖曳到 02 图像窗口中适当的位置，调整大小，效果如图 6-44 所示。在"图层"控制面板中生成新图层，将其命名为"人物"。

图 6-43　　　　　　　　　　　　　　　图 6-44

（7）按 Ctrl + O 组合键，打开本书云盘中的"Ch06 > 素材 > 制作教育类公众号封面首图 > 03"文件。选择"移动"工具 ✛，将 03 图片拖曳到 02 图像窗口中适当的位置，效果如图 6-45 所示。在"图层"控制面板中生成新图层，将其命名为"腮红"。按住 Alt 键的同时，拖曳图像到适当的位置，复制图像，效果如图 6-46 所示。

图 6-45　　　　　　　　图 6-46

（8）按 Ctrl+T 组合键，在图像周围出现变换框，单击鼠标右键，在弹出的快捷菜单中选择"水平翻转"命令，水平翻转图像。按 Enter 键确认操作，效果如图 6-47 所示。教育类公众号封面首图制作完成，效果如图 6-48 所示。

图 6-47　　　　　　　　图 6-48

6.3　滤镜的应用

Photoshop 的滤镜菜单下提供了多种滤镜，选择这些滤镜命令，可以制作出奇妙的图像效果。单击"滤镜"菜单，弹出图 6-49 所示的下拉菜单。

Photoshop 滤镜菜单分为 4 部分，各部分之间以横线划分开。

第 1 部分为最近一次使用的滤镜，没有使用滤镜时，此命令为灰色，不可选择。使用任意一种滤镜后，当需要重复使用这种滤镜时，只要直接选择这种滤镜或按 Alt+Ctrl+F 组合键，即可重复使用。

第 2 部分为转换为智能滤镜，智能滤镜可随时进行修改操作。

第 3 部分为 6 种 Photoshop 滤镜，每个滤镜的功能都十分强大。

第 4 部分为 11 种 Photoshop 滤镜组，每个滤镜组中都包含多个子滤镜。

图 6-49

6.3.1　滤镜库的功能

选择"滤镜 > 滤镜库"命令，弹出"滤镜库"对话框。在对话框中，左侧为滤镜预览框，可显示滤镜应用后的效果；中部为滤镜列表，每个滤镜组下面包含了多个特色滤镜，单击需要的滤镜组，可以浏览滤镜组中的各个滤镜和其相应的滤镜效果；右侧为滤镜参数设置栏，可设置所用滤镜的各个参数值。

为图像添加"强化的边缘"滤镜，如图 6-50 所示。单击"新建效果图层"按钮，生成新的效果图层，如图 6-51 所示。为图像添加"深色线条"滤镜，叠加后的效果如图 6-52 所示。

图 6-50

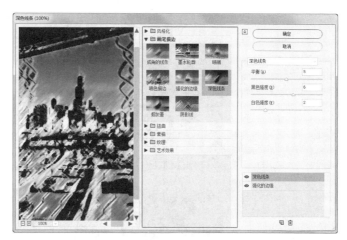

图 6-51　　　　　　　　　　　　　　　　　　　　图 6-52

6.3.2　杂色滤镜

杂色滤镜可以向图像随机添加一些杂色点，也可以淡化某些杂色点。杂色滤镜的子菜单项如图 6-53 所示。应用不同的滤镜制作出的效果如图 6-54 所示。

图 6-53　　　　　　　　　　　图 6-54

6.3.3　锐化滤镜

锐化滤镜可以用于产生更大的对比度来使图像清晰化和增强处理图像的轮廓，此组滤镜可减少图像修改后产生的模糊效果。锐化滤镜的子菜单项如图 6-55 所示。应用不同滤镜制作出的效果如图 6-56 所示。

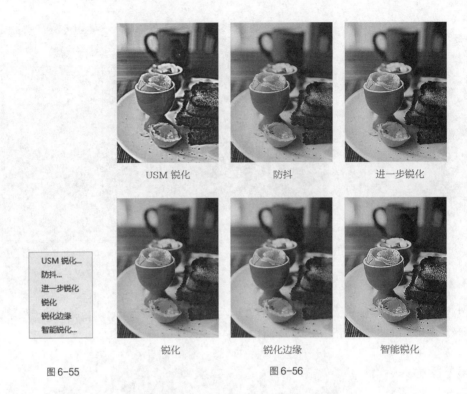

USM 锐化　　　　　　防抖　　　　　　进一步锐化

USM 锐化...
防抖...
进一步锐化
锐化
锐化边缘
智能锐化...

锐化　　　　　　锐化边缘　　　　　　智能锐化

图 6-55　　　　　　　　　　　　图 6-56

6.3.4　课堂案例——制作每日早餐公众号封面首图

【案例学习目标】学习使用滤镜库和锐化滤镜功能制作需要的效果。

【案例知识要点】使用"锐化边缘"命令对图像进行锐化，使用"滤镜库"命令为图片添加艺术效果。最终效果如图 6-57 所示。

【效果所在位置】Ch06/效果/制作每日早餐公众号封面首图.psd。

健康饮食，从早餐开始！

扫码观看
本案例视频

扫码观看
扩展案例

图 6-57

（1）按 Ctrl+N 组合键，弹出"新建文档"对话框，设置宽度为 1175 像素，高度为 500 像素，分辨率为 72 像素/英寸，颜色模式为 RGB，背景内容为白色。单击"创建"按钮，新建一个文件。

（2）按 Ctrl+O 组合键，打开本书云盘中的"Ch06 > 素材 > 制作每日早餐公众号封面首图 > 01"文件。选择"移动"工具 ⊕ ，将图片拖曳到图像窗口中适当的位置，并调整其大小，效果如图 6-58 所示。在"图层"控制面板中生成新图层，将其命名为"蔬菜"。

（3）选择"滤镜 > 锐化 > 锐化边缘"命令，对图像进行锐化操作，效果如图 6-59 所示。

图 6-58

图 6-59

（4）选择"滤镜 > 滤镜库"命令，在弹出的对话框中进行设置，如图 6-60 所示。单击"确定"
按钮，效果如图 6-61 所示。

图 6-60

图 6-61

（5）选择"矩形"工具 □，在属性栏的"选择工具模式"选项中选择"形状"，将"填充"颜
色设为黑色，"描边"颜色设为无，在图像窗口中绘制一个矩形，效果如图 6-62 所示。在"图层"
控制面板中生成新的形状图层"矩形 1"。

图 6-62

（6）在"图层"控制面板上方，将"矩形 1"形状图层的"不透明度"选项设为 18%，如图 6-63 所示。按 Enter 键确认操作，图像效果如图 6-64 所示。

图 6-63　　　　　　　　　　　图 6-64

（7）将前景色设为白色。选择"横排文字"工具 T，在适当的位置输入需要的文字并选取文字，在属性栏中选择合适的字体并设置大小，按 Alt+ → 组合键，调整文字适当的间距，效果如图 6-65 所示。在"图层"控制面板中生成新的文字图层。每日早餐公众号封面首图制作完成。

图 6-65

6.3.5　模糊滤镜

模糊滤镜可以使图像中过于清晰或对比度强烈的区域产生模糊效果。此外，也可用于制作柔和阴影。模糊滤镜的子菜单如图 6-66 所示。应用不同滤镜制作出的效果如图 6-67 所示。

图 6-66　　　　　　　　　　　图 6-67

   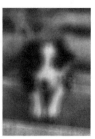

模糊 　　　　　 平均 　　　　　 特殊模糊 　　　　　 形状模糊

图 6-67（续）

6.3.6　模糊画廊滤镜

模糊画廊滤镜可以使用图钉或路径来控制图像，制作模糊效果。模糊画廊滤镜子菜单如图 6-68 所示。应用不同滤镜制作出的效果如图 6-69 所示。

场景模糊 　　　　　　　　 光圈模糊

移轴模糊 　　　　　　 路径模糊 　　　　　　 旋转模糊

图 6-68 　　　　　　　　　　 图 6-69

6.3.7　课堂案例——制作美妆饰品类网店详情页主图

【案例学习目标】学习使用模糊滤镜和绘图工具制作图像特效。

【案例知识要点】使用"钢笔"工具和"高斯模糊"滤镜命令制作形状，使用"椭圆选框"工具和混合模式制作高光，使用图层蒙版和"画笔"工具制作纹理，使用"移动"工具添加其他信息。最终效果如图 6-70 所示。

【效果所在位置】Ch06/效果/制作美妆饰品类网店详情页主图.psd。

（1）按 Ctrl + O 组合键，打开本书云盘中的"Ch06 > 素材 > 制作美妆饰品类网店详情页主图 > 01"文件，如图 6-71 所示。新建图层并将其命名为"形状"。将前景色设为黑色。选择"钢笔"工具 ，在属性栏中的"选择工具模式"选项中选择"路径"，在图像窗口中绘制需要的路径，效果如图 6-72 所示。

图 6-70

（2）按 Ctrl+Enter 组合键，将路径转换为选区。按 Alt+Delete 组合键，用前景色填充选区，如图 6-73 所示。按 Ctrl+D 组合键，取消选区。

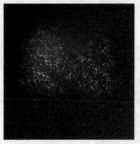

图 6-71   图 6-72   图 6-73

（3）选择"滤镜 > 模糊 > 高斯模糊"命令，在弹出的对话框中进行设置，如图 6-74 所示。单击"确定"按钮，效果如图 6-75 所示。

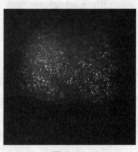

图 6-74   图 6-75

（4）新建图层并将其命名为"亮光"。将前景色设为白色。选择"椭圆选框"工具 ，在属性栏中将"羽化"项设为 25 像素，在图像窗口中绘制选区，如图 6-76 所示。按 Alt+Delete 组合键，用前景色填充选区。按 Ctrl+D 组合键，取消选区，效果如图 6-77 所示。

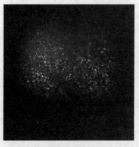

图 6-76   图 6-77

（5）在"图层"控制面板上方，将"亮光"图层的混合模式选项设为"叠加"，如图 6-78 所示，图像效果如图 6-79 所示。

图 6-78　　　　　　　　　　　　　图 6-79

（6）按 Ctrl＋O 组合键，打开本书云盘中的"Ch06 ＞ 素材 ＞ 制作美妆饰品类网店详情页主图 ＞ 02"文件。选择"移动"工具 ，将 02 图像拖曳到 01 图像窗口中适当的位置，如图 6-80 所示。在"图层"控制面板中生成新图层，将其命名为"纹理"。

（7）在"图层"控制面板上方，将"纹理"图层的混合模式选项设为"柔光"，"不透明度"选项设为 69%，如图 6-81 所示。按 Enter 键确认操作，图像效果如图 6-82 所示。

图 6-80　　　　　　　　　　图 6-81　　　　　　　　　　图 6-82

（8）单击"图层"控制面板下方的"添加图层蒙版"按钮 ，为图层添加蒙版，如图 6-83 所示。将前景色设为黑色。选择"画笔"工具 ，在属性栏中单击画笔选项右侧的按钮 ，在弹出的"画笔"控制面板中选择需要的画笔形状，设置如图 6-84 所示。在图像窗口中拖曳鼠标擦除不需要的图像，效果如图 6-85 所示。

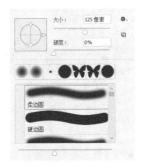

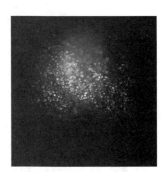

图 6-83　　　　　　　　　　图 6-84　　　　　　　　　　图 6-85

（9）按 Ctrl + O 组合键，打开本书云盘中的"Ch06 > 素材 > 制作美妆饰品类网店详情页主图 >
03、04、05"文件。选择"移动"工具 ⊕，将图像分别拖曳到 01 图像窗口中适当的位置。在"图
层"控制面板中生成新图层，将它们分别命名为"化妆品""光"和"文字信息"，如图 6-86 所示，
图像效果如图 6-87 所示。美妆饰品类网店详情页主图制作完成。

图 6-86   图 6-87

6.3.8 渲染滤镜

渲染滤镜可以用于在图片中产生照明的效果，它可以产生不同的光源效果和渲染效果。渲染滤镜
的子菜单项如图 6-88 所示。应用不同的滤镜制作出的效果如图 6-89 所示。

图 6-88   图 6-89

6.3.9 像素化滤镜

像素化滤镜可以将图像分块或将图像平面化。像素化滤镜的子菜单项如图 6-90 所示。应用不同
滤镜制作出的效果如图 6-91 所示。

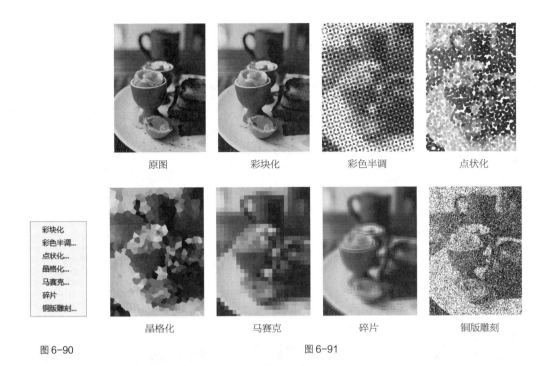

| 原图 | 彩块化 | 彩色半调 | 点状化 |

图 6-90

| 彩块化 |
| 彩色半调… |
| 点状化… |
| 晶格化… |
| 马赛克… |
| 碎片 |
| 铜版雕刻… |

| 晶格化 | 马赛克 | 碎片 | 铜版雕刻 |

图 6-91

6.3.10　课堂案例——制作文化传媒类公众号封面首图

【案例学习目标】学习使用像素化滤镜和渲染滤镜制作公众号封面首图。

【案例知识要点】使用"彩色半调"滤镜命令制作网点图像，使用"高斯模糊"命令调整图像效果，使用"镜头光晕"滤镜命令添加光晕。最终效果如图 6-92 所示。

【效果所在位置】Ch06/效果/制作文化传媒类公众号封面首图.psd。

| 扫 码 观 看 | 扫 码 观 看 |
| 本案例视频 | 扩展案例 |

图 6-92

（1）按 Ctrl + O 组合键，打开本书云盘中的"Ch06 > 素材 > 制作文化传媒类公众号封面首图 > 01"文件，如图 6-93 所示。按 Ctrl+J 组合键，复制图层，如图 6-94 所示。

图 6-93

图 6-94

（2）选择"滤镜 > 像素化 > 彩色半调"命令，在弹出的对话框中进行设置，如图 6-95 所示。单击"确定"按钮，效果如图 6-96 所示。

图 6-95   图 6-96

（3）选择"滤镜 > 模糊 > 高斯模糊"命令，在弹出的对话框中进行设置，如图 6-97 所示。单击"确定"按钮，效果如图 6-98 所示。

图 6-97   图 6-98

（4）在"图层"控制面板上方，将该图层的混合模式选项设为"正片叠底"，如图 6-99 所示，图像效果如图 6-100 所示。

（5）选择"背景"图层。按 Ctrl+J 组合键，复制"背景"图层，并将复制的图层拖曳到"图层 1"的上方，如图 6-101 所示。

图 6-99   图 6-100   图 6-101

（6）按 D 键，恢复默认前景色和背景色。选择"滤镜 > 滤镜库"命令，在弹出的对话框中进行设置，如图 6-102 所示。单击"确定"按钮，效果如图 6-103 所示。

图 6-102

图 6-103

（7）选择"滤镜 > 渲染 > 镜头光晕"命令，在弹出的对话框中进行设置，如图 6-104 所示。单击"确定"按钮，效果如图 6-105 所示。

图 6-104

图 6-105

（8）在"图层"控制面板上方，将"背景 拷贝"图层的混合模式选项设为"强光"，如图 6-106 所示，图像效果如图 6-107 所示。

图 6-106

图 6-107

（9）选择"背景"图层。按 Ctrl+J 组合键，复制"背景"图层，生成新的图层"背景 拷贝 2"。按住 Shift 键的同时，选择"背景 拷贝"图层和"背景 拷贝 2"图层之间的所有图层。按 Ctrl+E 组合键，合并图层并将其命名为"效果"，如图 6-108 所示。

（10）按 Ctrl+N 组合键，新建一个文件，宽度为 900 像素，高度为 383 像素，分辨率为 72 像素/英寸，颜色模式为 RGB，背景内容为白色。单击"创建"按钮，新建文档。选择 01 图像窗口中的"效果"图层。选择"移动"工具 ⊕，将图像拖曳到新建的图像窗口中适当的位置，效果如图 6-109 所示。"图层"控制面板如图 6-110 所示。

（11）按 Ctrl+O 组合键，打开本书云盘中的"Ch06 > 素材 > 制作文化传媒类公众号封面首图 > 02"文件。选择"移动"工具 ⊕，将 02 图像拖曳到新建的图像窗口中适当的位置，效果如图 6-111 所示。在"图层"控制面板中生成新图层，将其命名为"文字"。文化传媒类公众号封面首图制作完成。

图 6-108

图 6-109

图 6-110

图 6-111

6.3.11　扭曲滤镜

扭曲滤镜可以用于产生一组从波纹到扭曲图像的变形效果。扭曲滤镜的子菜单项如图 6-112 所示。应用不同滤镜制作出的效果如图 6-113 所示。

图 6-112

波浪

波纹

极坐标

图 6-113

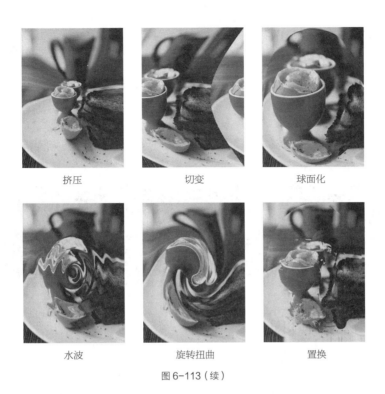

挤压　　　　　　　　　切变　　　　　　　　球面化

水波　　　　　　　　旋转扭曲　　　　　　　置换

图 6-113（续）

6.3.12　风格化滤镜

风格化滤镜可以产生印象派及其他风格画派作品的效果，它是完全模拟真实艺术手法进行创作的。风格化滤镜的子菜单项如图 6-114 所示。应用不同滤镜制作出的效果如图 6-115 所示。

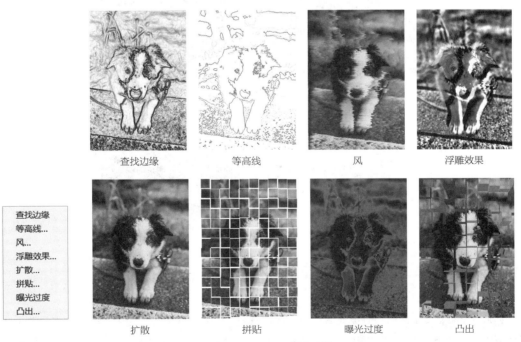

查找边缘　　　　　　等高线　　　　　　　风　　　　　　　浮雕效果

查找边缘
等高线…
风…
浮雕效果…
扩散…
拼贴…
曝光过度
凸出…

扩散　　　　　　　　拼贴　　　　　　　曝光过度　　　　　　凸出

图 6-114　　　　　　　　　　　　　图 6-115

6.4 滤镜使用技巧

重复使用滤镜、对局部图像使用滤镜，可以使图像产生更加丰富、生动的变化。

6.4.1 重复使用滤镜

如果在使用一次滤镜后，效果不理想，可以按 Ctrl+F 组合键，重复使用滤镜。重复使用晶格化滤镜的不同效果如图 6-116 所示。

图 6-116

6.4.2 对图像局部使用滤镜

对图像局部使用滤镜，是常用的处理图像的方法。在要应用的图像上绘制选区，如图 6-117 所示。对选区中的图像使用墨水轮廓滤镜，取消选区后，效果如图 6-118 所示。如果对选区进行羽化后再使用滤镜，就可以得到与原图融为一体的效果。在"羽化选区"对话框中设置"羽化半径"的数值，如图 6-119 所示。羽化后再使用滤镜，取消选区，效果如图 6-120 所示。

图 6-117   图 6-118

图 6-119   图 6-120

课堂练习——制作大大碗娱乐公众号封面首图

【练习知识要点】使用"分离通道"和"合并通道"命令处理图片，使用"色阶"和"曝光度"命令调整各通道颜色，使用"彩色半调"命令制作图片特效。最终效果如图 6-121 所示。

【效果所在位置】Ch06/效果/制作大大碗娱乐公众号封面首图.psd。

图 6-121

课后习题——制作女装类公众号封面首图

【习题知识要点】使用"高斯模糊"滤镜命令模糊背景，使用"钢笔"工具和剪贴蒙版制作手机界面，使用"矩形"工具和"横排文字"工具输入宣传文字和装饰图框。最终效果如图 6-122 所示。

【效果所在位置】Ch06/效果/制作女装类公众号封面首图.psd。

图 6-122

下篇

案例实训篇

第 7 章
图标设计

图标设计是 UI 设计中重要的组成部分，可以帮助用户更好地理解产品的功能，是提升产品用户体验的关键一环。本章以多个类型的图标为例，讲解图标的设计与制作技巧。

课堂学习目标

- ✔ 了解图标的应用领域
- ✔ 了解图标的分类
- ✔ 掌握图标的绘制思路
- ✔ 掌握图标的绘制方法和技巧

7.1　图标设计概述

图标（icon），这里特指具有明确指代含义的计算机图形。从广义上讲，图标是高度浓缩，并能快捷传达信息，便于记忆的图形符号。图标的应用范围很广，包括软件界面、硬件设备及公共场合等。从狭义上讲，图标则多应用于计算机软件方面。其中，桌面图标是软件标识，界面中的图标是功能标识。

7.1.1　图标的应用

图标应用领域广泛，主要可以应用于公共场所指示、计算机系统桌面、App 界面、网页界面及车载系统等领域。

7.1.2　图标的分类

图标按照应用可以分为产品图标、功能图标及装饰图标；按照设计风格可以分为拟物风格、扁平风格、3D 风格及 2.5D 风格，如图 7-1 所示。

产品图标　　　　　　功能图标　　　　　　　　装饰图标

拟物风格　　　　　扁平风格　　　　3D 风格　　　　　　　　2.5D 风格

图 7-1

7.2　绘制应用商店类 UI 图标

7.2.1　案例分析

岢基设计公司是一家专门从事 UI 设计、Logo 设计和界面设计的设计公司。公司现阶段需要为新开发的应用商店设计一款 UI 图标。要求使用扁平化的设计表达出 App 的特点，要有极高的辨识度。

在设计思路上使用纯色的背景突出色彩多样的图标，醒目且直观；立体化的设计让人一目了然，辨识度极高；图标整体简洁明了，亮丽的色彩搭配为画面增加了活泼感。

本例将使用"路径"控制面板、"渐变"工具和"填充"命令制作图标。

7.2.2　案例效果

本案例设计的最终效果参看云盘中的"Ch07/效果/绘制应用商店类 UI 图标.psd"，如图 7-2 所示。

扫 码 观 看
本案例视频

图 7-2

7.2.3　案例制作

（1）按 Ctrl+O 组合键，打开本书云盘中的"Ch07 ＞ 素材 ＞ 绘制应用商店类 UI 图标 ＞ 01"
文件，"路径"控制面板显示如图 7-3 所示。选中"路径 1"，如图 7-4 所示，图像效果如图 7-5
所示。

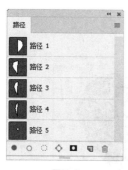
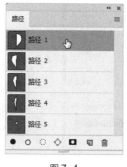
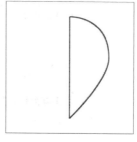

图 7-3　　　　　　　　　　　　图 7-4　　　　　　　　　　　　图 7-5

（2）按 Ctrl+Enter 组合键，将路径转换为选区，如图 7-6 所示。新建图层并将其命名为"红色
渐变"。选择"渐变"工具 ，单击属性栏中的"点按可编辑渐变"按钮 ⬛▭ ，弹出"渐变编
辑器"对话框。将渐变颜色设为从橘红色（230、60、0）到浅红色（255、144、102），如图 7-7
所示。单击"确定"按钮。按住 Shift 键的同时，在选区中由左至右拖曳鼠标填充渐变色。按 Ctrl+D
组合键，取消选区，效果如图 7-8 所示。

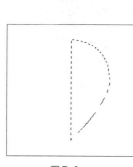

图 7-6　　　　　　　　　　　　图 7-7　　　　　　　　　　　　图 7-8

（3）在"路径"控制面板中，选中"路径 2"，图像效果如图 7-9 所示。按 Ctrl+Enter 组合键，
将路径转换为选区，如图 7-10 所示。

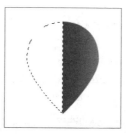

图 7-9　　　　　　　　　　　　图 7-10

（4）新建图层并将其命名为"蓝色渐变"。选择"渐变"工具 ，单击属性栏中的"点按可编辑渐变"按钮 ，弹出"渐变编辑器"对话框。将渐变颜色设为从蓝色（0、108、183）到浅蓝色（124、201、255），如图 7-11 所示。单击"确定"按钮。按住 Shift 键的同时，在选区中由右至左拖曳鼠标填充渐变色。按 Ctrl+D 组合键，取消选区，效果如图 7-12 所示。

图 7-11

图 7-12

（5）用相同的方法分别选中"路径 3"和"路径 4"，制作"绿色渐变"和"橙色渐变"，效果如图 7-13 所示。在"路径"控制面板中，选中"路径 5"，图像效果如图 7-14 所示。按 Ctrl+Enter 组合键，将路径转换为选区，如图 7-15 所示。

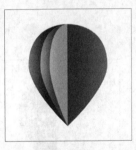
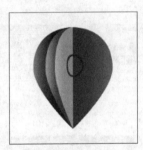
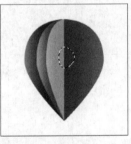

图 7-13　　　　　　　　　　图 7-14　　　　　　　　　　图 7-15

（6）新建图层并将其命名为"白色"。选择"编辑 > 填充"命令，在弹出的对话框中进行设置，如图 7-16 所示。单击"确定"按钮，效果如图 7-17 所示。

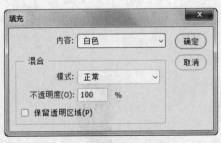

图 7-16

图 7-17

（7）按 Ctrl+D 组合键，取消选区。应用商店类 UI 图标制作完成，效果如图 7-18 所示。将图标应用在手机中，会自动应用圆角遮罩图标，呈现出圆角效果，如图 7-19 所示。

图 7-18   图 7-19

7.3 绘制时钟图标

7.3.1 案例分析

微迪设计公司是一家集 UI 设计、Logo 设计、VI 设计和界面设计为一体的设计公司，得到众多客户的一致好评。公司现阶段需要为新开发的时钟 App 设计一款图标，要求使用拟物化的形式表达出 App 的特征，要有极高的辨识度。

在设计思路上，使用蓝色的背景营造出清新的氛围，起到衬托的作用；立体化和拟物化的设计增强了图标的辨识度；颜色的对比增添了画面的活泼感，整体设计醒目直观，让人一目了然。

本例将使用"椭圆"工具和图层样式绘制表盘，使用"圆角矩形"工具、"矩形"工具和剪贴蒙版绘制指针和刻度，使用"钢笔"工具、"图层"控制面板和"渐变"工具制作投影。

7.3.2 案例效果

本案例设计的最终效果参看云盘中的"Ch07/效果/绘制时钟图标.psd"，如图 7-20 所示。

扫 码 观 看
本案例视频

图 7-20

7.3.3 案例制作

（1）按 Ctrl+N 组合键，弹出"新建文档"对话框，设置宽度为 1024 像素，高度为 1024 像素，分辨率为 72 像素/英寸，颜色模式为 RGB，背景内容为蓝色（55、191、207）。单击"创建"按钮，新建文件。

（2）选择"椭圆"工具 ◎，在属性栏的"选择工具模式"选项中选择"形状"，将"填充"颜色设为白色，"描边"颜色设为无。按住 Shift 键的同时，在图像窗口中绘制一个圆形，效果如图 7-21 所示。在"图层"控制面板中生成新的形状图层"椭圆 1"。

（3）按 Ctrl+J 组合键，复制"椭圆 1"图层，生成新的图层"椭圆 1 拷贝"。在属性栏中将"填充"颜色设为粉红色（237、62、58），填充图形，效果如图 7-22 所示。

图 7-21 图 7-22

（4）在属性栏中单击"路径操作"按钮，在弹出的菜单中选择"排除重叠形状"命令，如图 7-23 所示。按住 Alt+Shift 组合键的同时，在图像窗口中绘制圆形，效果如图 7-24 所示。

图 7-23 图 7-24

（5）选择"路径选择"工具，按住 Shift 键的同时，同时选取内外圈的圆形，如图 7-25 所示。单击属性栏中的"路径对齐方式"按钮，在弹出的菜单中选择"水平居中对齐"按钮和"垂直居中对齐"按钮，居中对齐圆形，效果如图 7-26 所示。

图 7-25 图 7-26

（6）单击"图层"控制面板下方的"添加图层样式"按钮，在弹出的菜单中选择"斜面和浮雕"命令，在弹出的对话框中进行设置，如图 7-27 所示。选择"投影"选项，切换到相应的对话框，设置如图 7-28 所示。单击"确定"按钮，效果如图 7-29 所示。

（7）新建图层组并将其命名为"指针"。选择"圆角矩形"工具，在属性栏中单击"路径操作"按钮，在弹出的菜单中选择"新建图层"命令，将"半径"项设为 15 像素，在图像窗口中绘制一个圆角矩形。在属性栏中将"填充"颜色设为蓝色（55、191、207），"描边"颜色设为无，效果如图 7-30 所示。在"图层"控制面板中生成新的形状图层，将其命名为"分针"。

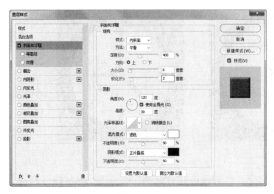

图 7-27

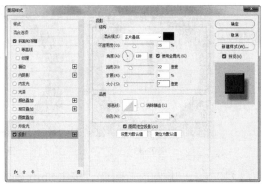

图 7-28

图 7-29

图 7-30

（8）单击"图层"控制面板下方的"添加图层样式"按钮 _fx_，在弹出的菜单中选择"投影"命令，在弹出的对话框中进行设置，如图 7-31 所示。单击"确定"按钮，效果如图 7-32 所示。

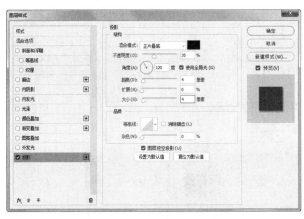

图 7-31

图 7-32

（9）选择"矩形"工具 ▭，在图像窗口中绘制一个矩形。在属性栏中将"填充"颜色设为深蓝色（15、142、157），"描边"颜色设为无，效果如图 7-33 所示。在"图层"控制面板中生成新的形状图层"矩形 1"。

（10）按 Alt+Ctrl+G 组合键，为"矩形 1"图层创建剪贴蒙版，图像效果如图 7-34 所示。用相同的方法绘制"时针""秒针"和"刻度"，效果如图 7-35 所示。

图 7-33   图 7-34   图 7-35

（11）选择"椭圆"工具 ⚪，按住 Shift 键的同时，在图像窗口中绘制一个圆形。在属性栏中将"填充"颜色设为粉红色（255、145、144），"描边"颜色设为无，效果如图 7-36 所示。在"图层"控制面板中生成新的形状图层"椭圆 2"。

（12）单击"图层"控制面板下方的"添加图层样式"按钮 _fx_，在弹出的菜单中选择"斜面和浮雕"命令，在弹出的对话框中进行设置，如图 7-37 所示。选择"投影"选项，切换到相应的对话框，设置如图 7-38 所示。单击"确定"按钮，效果如图 7-39 所示。

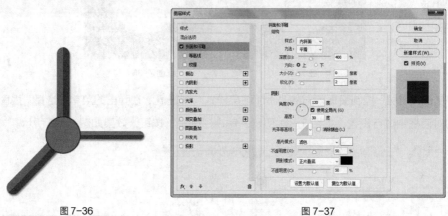

图 7-36   图 7-37

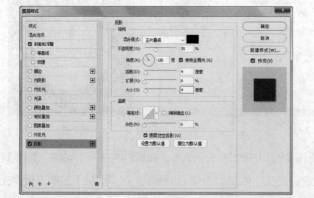

图 7-38   图 7-39

（13）按 Ctrl+J 组合键，复制"椭圆 2"图层，生成新的图层"椭圆 2 拷贝"。按 Ctrl+T 组合键，在圆形周围出现变换框。单击属性栏中的"保持长宽比"按钮 ∞。按住 Alt+Shift 组合键的同时，

向内拖曳右上角的控制手柄,等比例缩小圆形,如图 7-40 所示。按 Enter 键确认操作,效果如图 7-41
所示。

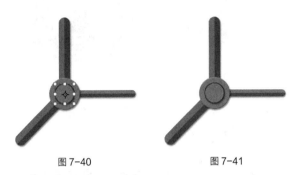

图 7-40   图 7-41

（14）在"图层"控制面板中,删除"斜面和浮雕"和"投影"样式,图像效果如图 7-42 所示。
在属性栏中将"填充"颜色设为粉红色（237、62、58）,填充圆形,效果如图 7-43 所示。

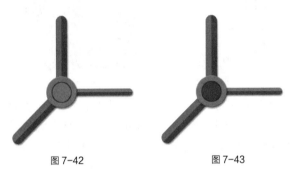

图 7-42   图 7-43

（15）单击"图层"控制面板下方的"添加图层样式"按钮 fx ,在弹出的菜单中选择"内阴影"
命令,在弹出的对话框中进行设置,如图 7-44 所示。单击"确定"按钮,效果如图 7-45 所示。

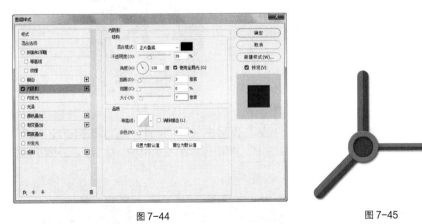

图 7-44   图 7-45

（16）用相同的方法再复制一个圆形,等比例缩小并添加图层样式,效果如图 7-46 所示。选择
"钢笔"工具 ⌀. ,在属性栏的"选择工具模式"选项中选择"形状",在图像窗口中绘制一个形状。
在属性栏中将"填充"颜色设为灰色（29、29、29）,"描边"颜色设为无,效果如图 7-47 所示。
在"图层"控制面板中生成新的形状图层"投影"。

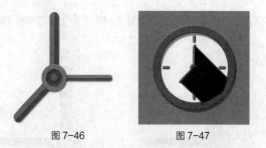

图 7-46 图 7-47

（17）在"图层"控制面板上方，将"投影"图层的"不透明度"选项设为 60%，如图 7-48 所示。按 Enter 键确认操作，图像效果如图 7-49 所示。

图 7-48 图 7-49

（18）单击"图层"控制面板下方的"添加图层蒙版"按钮，为图层添加蒙版，如图 7-50 所示。选择"渐变"工具，单击属性栏中的"点按可编辑渐变"按钮，弹出"渐变编辑器"对话框。将渐变色设为黑色到白色，单击"确定"按钮。在形状上从右下角至左上角拖曳鼠标填充渐变色，效果如图 7-51 所示。

图 7-50 图 7-51

（19）在"图层"控制面板中，将"投影"图层拖曳到"指针"图层组的下方，如图 7-52 所示，图像效果如图 7-53 所示。时钟图标绘制完成。将图标应用在手机中，会自动应用圆角遮罩图标，呈现出圆角效果，如图 7-54 所示。

图 7-52 图 7-53 图 7-54

课堂练习 1——绘制手机图标

【练习知识要点】使用"圆角矩形"工具、"钢笔"工具、"矩形"工具和"矩形选框"工具绘制图标；使用"渐变"工具填充背景和图标。最终效果如图 7-55 所示。

【效果所在位置】Ch07/效果/绘制手机图标.psd。

图 7-55

课堂练习 2——绘制记事本图标

【练习知识要点】使用"椭圆"工具、图层样式、"矩形"工具和"圆角矩形"工具绘制记事本，使用"矩形"工具、"属性"面板、"多边形"工具、剪贴蒙版和图层样式绘制铅笔，使用"钢笔"工具、"图层"控制面板和"渐变"工具制作投影。最终效果如图 7-56 所示。

【效果所在位置】Ch07/效果/绘制记事本图标.psd。

图 7-56

课后习题 1——绘制计算器图标

【习题知识要点】使用"圆角矩形"工具、"属性"面板、"矩形"工具和"椭圆"工具绘制图标底图和符号，使用图层样式制作立体效果。最终效果如图 7-57 所示。

【效果所在位置】Ch07/效果/绘制计算器图标.psd。

图 7-57

课后习题 2——绘制画板图标

【习题知识要点】使用"椭圆"工具、"钢笔"工具和图层样式绘制颜料盘,使用"移动"工具添加画笔,使用"钢笔"工具、"图层"控制面板和"渐变"工具制作投影。最终效果如图 7-58 所示。

【效果所在位置】Ch07/效果/绘制画板图标.psd。

图 7-58

第 8 章
照片模板设计

使用照片模板，可以为照片快速添加图案、文字和特效。照片模板主要用于日常照片的美化处理或影楼后期设计。从实用性和趣味性出发，可以为数码照片精心设计别具一格的模板。本章以多个主题的照片模板为例，讲解照片模板的设计与制作技巧。

课堂学习目标

- ✔ 了解照片模板的功能
- ✔ 了解照片模板的特色和分类
- ✔ 掌握照片模板的设计思路
- ✔ 掌握照片模板的设计方法
- ✔ 掌握照片模板的制作技巧

8.1 照片模板设计概述

照片模板是把针对不同人群的照片根据不同的需要进行艺术加工，制作出独具匠心、可多次使用的模板，如图 8-1 所示。根据所针对人群年龄的不同，照片模板可分为儿童照片模板、青年照片模板、中年照片模板和老年照片模板；根据模板的设计形式的不同，照片模板可分为古典型模板、神秘型模板、豪华型模板等；根据用途的不同，照片模板可分为婚纱照片模板、写真照片模板、个性照片模板等。

图 8-1

图 8-1（续）

8.2 制作情侣生活照片模板

8.2.1 案例分析

情侣生活照片模板是针对情侣日常生活状态、相处模式，为情侣量身定做的多种新颖独特且富有情调的照片模板。本例将通过对图片和文字的合理编排，展示出情侣之间幸福甜蜜、休闲舒适的生活模式。

在设计思路上，通过素雅的背景装饰展现出模板的简约温馨；巧用相框设计，将情侣之间如胶似漆、心心相印的一面展示出来；使用生活化的居家照片增加亲近感；最后用文字记录下这美满的一幕。

本例将使用"矩形"工具、图层样式和剪贴蒙版制作照片，使用"移动"工具添加装饰和文字。

8.2.2 案例效果

本案例设计的最终效果参看云盘中的"Ch08/效果/制作情侣生活照片模板.psd"，如图 8-2 所示。

扫码观看
本案例视频

图 8-2

8.2.3 案例制作

（1）按 Ctrl+O 组合键，打开本书云盘中的"Ch08 > 素材 > 制作情侣生活照片模板 > 01"文件，如图 8-3 所示。选择"矩形"工具 ▢，在属性栏的"选择工具模式"选项中选择"形状"，将"填充"颜色设为白色，在图像窗口中拖曳鼠标绘制矩形，效果如图 8-4 所示。在"图层"控制面板中生成新的形状图层"矩形 1"。

图 8-3   图 8-4

（2）单击"图层"控制面板下方的"添加图层样式"按钮 **fx**，在弹出的菜单中选择"投影"命令，在弹出的对话框中进行设置，如图 8-5 所示。单击"确定"按钮，效果如图 8-6 所示。

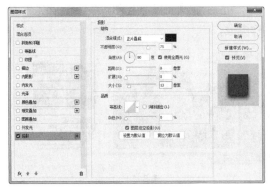

图 8-5   图 8-6

（3）选择"矩形"工具 □，在图像窗口中拖曳鼠标绘制矩形。在属性栏中将"填充"颜色设为灰色（155、163、172），效果如图 8-7 所示。在"图层"控制面板中生成新的形状图层"矩形 2"。

（4）按 Ctrl+O 组合键，打开本书云盘中的"Ch08 > 素材 > 制作情侣生活照片模板 > 02"文件。选择"移动"工具 ✛，将图片拖曳到图像窗口中适当的位置，如图 8-8 所示。在"图层"控制面板中生成新的图层，将其命名为"人物 1"。按 Alt+Ctrl+G 组合键，创建剪贴蒙版，效果如图 8-9 所示。

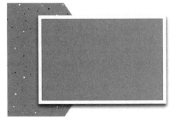

图 8-7   图 8-8   图 8-9

（5）选择"矩形"工具 □，在图像窗口中拖曳鼠标绘制矩形。在属性栏将"填充"颜色设为黑色，效果如图 8-10 所示，在"图层"控制面板中生成新的形状图层"矩形 3"。

（6）按 Ctrl+O 组合键，打开本书云盘中的"Ch08 > 素材 > 制作情侣生活照片模板 > 03"文件。选择"移动"工具 ✛，将图片拖曳到图像窗口中适当的位置，如图 8-11 所示。在"图层"控制面板中生成新的图层，将其命名为"人物 2"。按 Alt+Ctrl+G 组合键，创建剪贴蒙版，效果如图 8-12 所示。

图 8-10   图 8-11   图 8-12

（7）用相同的方法制作右侧的 04 照片，效果如图 8-13 所示。按 Ctrl+O 组合键，打开本书云盘中的"Ch08 > 素材 > 制作情侣生活照片模板 > 05、06"文件，选择"移动"工具 ⊕，将图片分别拖曳到图像窗口中适当的位置，如图 8-14 所示。在"图层"控制面板中生成新的图层，将它们分别命名为"装饰"和"文字"。情侣生活照片模板制作完成。

图 8-13　　　　　　　　　　　　　　　　图 8-14

8.3　制作旅游PPT照片模板

8.3.1　案例分析

旅游 PPT 照片模板主要是为了在讲解游览活动的内容时进行实景展示，达到引人入胜的效果。所以精致的版面设计及合理的配色关系等视觉化的信息是很重要的。本例将通过对图片的合理编排，体现出自然唯美，轻松浪漫的感觉。

在设计思路上，模板使用了纯色的背景搭配旅游景点图片进行展示；使用白色线框与白色花纹作为装饰；中间填写旅行相册标题文字；整体设计简洁实用。

本例将使用"椭圆"工具、"移动"工具、"复制图层"快捷操作和图层样式制作照片；使用智能参考线复制和移动照片。

8.3.2　案例效果

本案例设计的最终效果参看云盘中的"Ch08/效果/制作旅游 PPT 照片模板.psd"，如图 8-15 所示。

扫 码 观 看
本案例视频

图 8-15

8.3.3　案例制作

（1）按 Ctrl+N 组合键，新建一个文件，宽度为 1920 像素，高度为 1080 像素，分辨率为 72 像素/英寸，颜色模式为 RGB，背景内容为绿色（129、216、207）。单击"创建"按钮，新建文档，如图 8-16 所示。

（2）按 Ctrl+O 组合键，打开本书云盘中的"Ch08 > 素材 > 制作旅游 PPT 照片模板 > 01"文件。选择"移动"工具 ⊕，将图片拖曳到图像窗口中，与背景水平居中对齐，效果如图 8-17 所示。在"图层"控制面板中生成新图层，将其命名为"花环"。

图 8-16

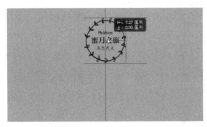

图 8-17

（3）选择"椭圆"工具 ○，在属性栏中将"填充"颜色设为白色，按住 Shift 键的同时，在图像窗口中拖曳鼠标绘制一个圆形，如图 8-18 所示。在"图层"控制面板中生成新的形状图层"椭圆1"。选择"移动"工具 ⊕，按住 Shift 键的同时，将图形拖曳到与花环底对齐的位置，效果如图 8-19 所示。

图 8-18

图 8-19

（4）按 Ctrl+O 组合键，打开本书云盘中的"Ch08 > 素材 > 制作旅游 PPT 照片模板 > 02"文件。选择"移动"工具 ⊕，将图片拖曳到图像窗口中适当的位置，效果如图 8-20 所示。在"图层"控制面板中生成新图层，将其命名为"照片 1"。按 Alt+Ctrl+G 组合键，创建剪贴蒙版，效果如图 8-21 所示。

图 8-20

图 8-21

（5）选中"椭圆 1"图层，单击"图层"控制面板下方的"添加图层样式"按钮 ƒx，在弹出的菜单中选择"描边"命令，在弹出的对话框中进行设置，如图 8-22 所示。单击"确定"按钮，效果如图 8-23 所示。

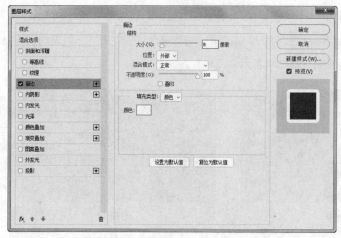

图 8-22   图 8-23

（6）按住 Shift 键的同时，单击"椭圆 1"和"照片 1"图层，将其同时选取。选择"移动"工具
⊕，按住 Alt+Shift 组合键的同时，将其拖曳到与花环底对齐的位置，效果如图 8-24 所示。选择"椭
圆 1 拷贝"图层，按住 Shift 键的同时，将其拖曳到适当的位置，效果如图 8-25 所示。

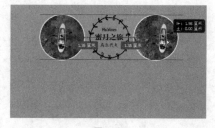

图 8-24   图 8-25

（7）选择"照片 1 拷贝"图层，按 Delete 键，删除图像，效果如图 8-26 所示。按 Ctrl+O 组
合键，打开本书云盘中的"Ch08 > 素材 > 制作旅游 PPT 照片模板 > 03"文件。选择"移动"工
具 ⊕，将图片拖曳到图像窗口中。在"图层"控制面板中生成新图层，将其命名为"照片 2"。按
Alt+Ctrl+G 组合键，创建剪贴蒙版，效果如图 8-27 所示。

图 8-26   图 8-27

（8）按住 Shift 键的同时，单击"椭圆 1"图层，将两个图层之间的所有图层同时选取。按住 Alt+Shift
组合键的同时，将其拖曳到适当的位置，如图 8-28 所示。释放鼠标，效果如图 8-29 所示。

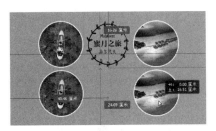

图 8-28

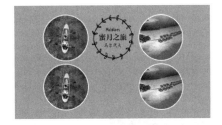

图 8-29

（9）按 Delete 键，删除"照片 1 拷贝"和"照片 2 拷贝"图层，效果如图 8-30 所示。分别打开云盘中的 04、05 图片，拖曳到适当的位置，并分别创建剪贴蒙版，效果如图 8-31 所示。

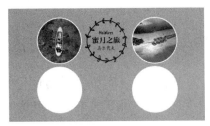

图 8-30

图 8-31

（10）按住 Shift 键的同时，选择"椭圆 1 拷贝 2"和"照片 4"图层。按住 Alt+Shift 组合键的同时，将其拖曳到适当的位置，效果如图 8-32 所示。按 Delete 键，删除"照片 4 拷贝"图层，效果如图 8-33 所示。

图 8-32

图 8-33

（11）按住 Shift 键的同时，将"椭圆 1 拷贝 2"图层拖曳到适当的位置，如图 8-34 所示。释放鼠标，效果如图 8-35 所示。

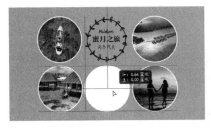

图 8-34

图 8-35

（12）按 Ctrl+O 组合键，打开本书云盘中的"Ch08 > 素材 > 制作旅游 PPT 照片模板 > 06"文件。选择"移动"工具 ⊕，将图片拖曳到图像窗口中，如图 8-36 所示。在"图层"控制面板中生成新图层，将其命名为"照片 5"。按 Alt+Ctrl+G 组合键，创建剪贴蒙版，效果如图 8-37 所示。旅游 PPT 照片模板制作完成。

图 8-36

图 8-37

课堂练习1——制作婚纱照片模板

【练习知识要点】使用"矩形"工具绘制相框，使用"移动"工具和剪贴蒙版制作照片，使用照片滤镜调整层调整照片，使用"横排文字"工具和"字符"控制面板添加文字。最终效果如图 8-38 所示。

【效果所在位置】Ch08/效果/制作婚纱照片模板.psd。

图 8-38

课堂练习2——制作个人写真照片模板

【练习知识要点】使用自然饱和度和照片滤镜调整层调整照片，使用"椭圆"工具和图层样式绘制圆形图框，使用"横排文字"工具添加文字。最终效果如图 8-39 所示。

【效果所在位置】Ch08/效果/制作个人写真照片模板.psd。

图 8-39

课后习题 1——制作宝宝成长照片模板

【习题知识要点】使用"矩形"工具和图层样式绘制相框，使用"移动"工具和剪贴蒙版制作照片，使用"横排文字"工具添加信息。最终效果如图 8-40 所示。

【效果所在位置】Ch08/效果/制作宝宝成长照片模板.psd。

图 8-40

课后习题 2——制作综合个人秀模板

【习题知识要点】使用"移动"工具、混合模式和不透明度功能制作背景，使用"圆角矩形"工具、"移动"工具和剪贴蒙版制作照片，使用"横排文字"工具、"字符"控制面板和图层样式添加信息。最终效果如图 8-41 所示。

【效果所在位置】Ch08/效果/制作综合个人秀模板.psd。

图 8-41

第9章
App 页面设计

界面是 UI 设计中最重要的部分，是最终呈现给用户的结果，因此界面设计是涉及版面布局、颜色搭配等内容的综合性工作。本章以多个类型的 App 页面为例，讲解 App 页面的设计与制作技巧。

课堂学习目标

- ✔ 了解 App 页面设计的基础知识
- ✔ 掌握 App 页面的设计思路
- ✔ 掌握 App 页面的制作方法和技巧

9.1 App 页面设计概述

App 是应用程序 Application 的缩写，一般指智能手机的第三方应用程序。由美国设计团队 Ron Design Agency 创作的 App 界面如图 9-1 所示。用户主要从应用商店下载 App，比较常用的应用商店有苹果公司的 App Store、华为应用市场等。应用程序的运行与系统密不可分，目前市场上主要的智能手机操作系统有苹果公司的 iOS 系统和谷歌公司的 Android 系统。对于 UI 设计师而言，要进行移动界面设计工作，需要分别学习两大系统的界面设计知识。

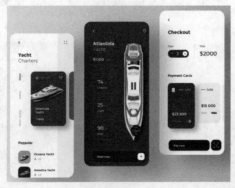

图 9-1

9.2　制作电商女装 App 界面

9.2.1　案例分析

电商 App 就是手机购物应用程序。对于一个电商 App 而言，商品展示、商品描述、用户收藏、购买、评价等信息都是必要的。本例通过对商品及信息的合理编排，针对电商 App 各个模块设计了不同的展示场景，具有实用性及美观性。

在设计思路上，使用浅色背景起到衬托的作用，突出前方的主体；以商品实物照片作为主体元素，图文搭配合理，具有美感；色彩围绕产品进行搭配，具有舒适自然的效果。

本例将使用"移动"工具添加产品图片，使用"圆角矩形"工具和剪贴蒙版制作界面照片，使用"横排文字"工具添加信息内容。

9.2.2　案例效果

本案例设计的最终效果参看云盘中的"Ch09/效果/制作电商女装 App 界面.psd"，如图 9-2 所示。

图 9-2

9.2.3　案例制作

（1）按 Ctrl+N 组合键，弹出"新建文档"对话框，设置宽度为 750 像素，高度为 1334 像素，分辨率为 72 像素/英寸，颜色模式为 RGB，背景内容为白色。单击"创建"按钮，新建文件。

（2）选择"视图 > 新建参考线版面"命令，弹出"新建参考线版面"对话框，设置如图 9-3 所示。单击"确定"按钮，完成版面参考线的创建，如图 9-4 所示。

图 9-3　　　　　　　　　　图 9-4

（3）选择"视图 > 新建参考线"命令，弹出"新建参考线"对话框，设置如图 9-5 所示。单击"确定"按钮，完成水平参考线的创建，如图 9-6 所示。

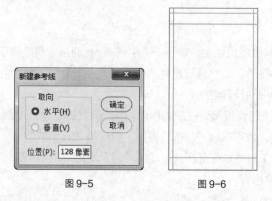

图 9-5   图 9-6

（4）选择"文件 > 置入嵌入对象"命令，弹出"置入嵌入的对象"对话框。选择本书云盘中的"Ch09 > 效果 > 制作电商女装 App 界面 > 01"文件，单击"置入"按钮，将图片置入图像窗口中，并将其拖曳到适当的位置。按 Enter 键确认操作，效果如图 9-7 所示，在"图层"控制面板中生成新的图层，将其命名为"状态栏"。

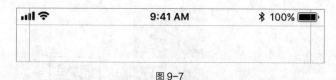

图 9-7

（5）单击"图层"控制面板下方的"创建新组"按钮 ▢，生成新的图层组，将其命名为"导航栏"。按 Ctrl+O 组合键，打开本书云盘中的"Ch09 > 素材 > 制作电商女装 App 界面 > 02"文件。选择"移动"工具 ✛，将"返回"图形拖曳到新建图像窗口中适当的位置，效果如图 9-8 所示。在"图层"控制面板中生成新的形状图层"返回"。

图 9-8

（6）选择"横排文字"工具 **T**，在适当的位置输入需要的文字并选取文字，在属性栏中选择合适的字体并设置大小，设置文本颜色为灰色（53、53、53），填充文字，效果如图 9-9 所示。在"图层"控制面板中生成新的文字图层。

图 9-9

（7）在 02 图像窗口中，选择"移动"工具 ✛，分别将"分享""更多"图形拖曳到新建的图像窗口中适当的位置，效果如图 9-10 所示。在"图层"控制面板中分别生成新的形状图层"分享"和

"更多"。

图 9-10

（8）选择"椭圆"工具 ⬭，按住 Shift 键的同时，在图像窗口中绘制一个圆形。在属性栏中将"填充"颜色设为红色（245、0、0），"描边"颜色设为无，效果如图 9-11 所示。在"图层"控制面板中生成新的形状图层"椭圆 1"。

（9）选择"横排文字"工具 T，在适当的位置输入需要的文字并选取文字，在属性栏中选择合适的字体并设置大小，填充文字为白色，效果如图 9-12 所示。在"图层"控制面板中生成新的文字图层。单击"导航栏"图层组左侧的箭头图标 ⌄，将"导航栏"图层组中的图层隐藏。

图 9-11　　　　　图 9-12

（10）新建图层组并将其命名为"搜索区"。选择"圆角矩形"工具 ⬭，将"填充"颜色设为浅灰色（240、241、242），"描边"颜色设为无，"半径"数值项设为 4 像素。在图像窗口中绘制一个圆角矩形，效果如图 9-13 所示。在"图层"控制面板中生成新的形状图层"圆角矩形 1"。

（11）在 02 图像窗口中，选择"移动"工具 ✛，分别将"放大镜"和"扫码"图形拖曳到新建图像窗口中适当的位置，效果如图 9-14 所示。在"图层"控制面板中分别生成新的形状图层"放大镜"和"扫码"。

图 9-13　　　　　　　　　　图 9-14

（12）选择"横排文字"工具 T，在适当的位置输入需要的文字并选取文字，在属性栏中选择合适的字体并设置大小，设置文本颜色为灰色（197、195、195），填充文字，效果如图 9-15 所示。在"图层"控制面板中生成新的文字图层。单击"搜索区"图层组左侧的箭头图标 ⌄，将"搜索区"图层组中的图层隐藏。

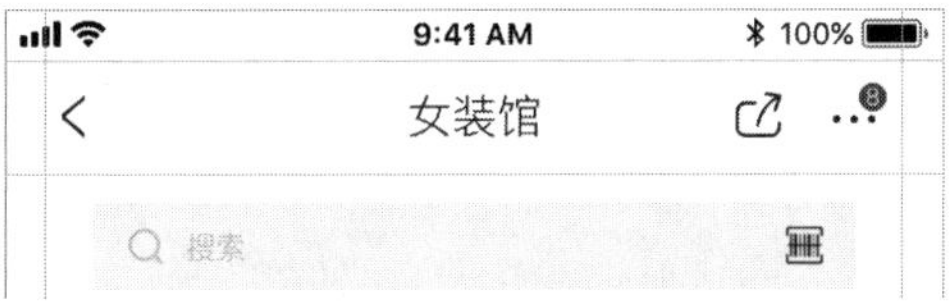

图 9-15

（13）新建图层组并将其命名为"内容区"。选择"圆角矩形"工具 ▢，在属性栏中将"填充"颜色设为深灰色（184、184、184），"描边"颜色设为无，"半径"项设为4像素。在图像窗口中绘制一个圆角矩形，效果如图9-16所示。在"图层"控制面板中生成新的形状图层"圆角矩形2"。

（14）按Ctrl+O组合键，打开本书云盘中的"Ch09 > 素材 > 制作电商女装App界面 > 03"文件。选择"移动"工具 ✛，将图片拖曳到新建图像窗口中适当的位置，效果如图9-17所示。在"图层"控制面板中生成新图层，将其命名为"女装1"。按Alt+Ctrl+G组合键，为图层创建剪贴蒙版，图像效果如图9-18所示。

图9-16　　　　　　　　　　　图9-17　　　　　　　　　　　图9-18

（15）选择"横排文字"工具 T，在适当的位置分别输入需要的文字并选取文字，在属性栏中分别选择合适的字体并设置大小，设置文本颜色为红色（245、0、0），填充文字，效果如图9-19所示。在"图层"控制面板中生成新的文字图层。

（16）选取文字"弹力开襟衫"，填充文字为灰色（53、53、53），效果如图9-20所示。在02图像窗口中，选择"移动"工具 ✛，将"关注"图形拖曳到新建图像窗口中适当的位置，效果如图9-21所示。在"图层"控制面板中生成新的形状图层"关注"。

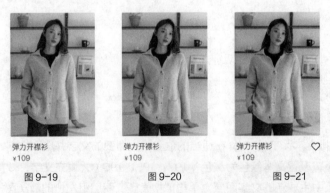

图9-19　　　　　　　　　　　图9-20　　　　　　　　　　　图9-21

（17）用相同的方法打开"04~06"图片，制作图9-22所示的效果。单击"内容区"图层组左侧的箭头图标 ⌄，将"内容区"图层组中的图层隐藏。

（18）新建图层组并将其命名为"标签栏"。选择"矩形"工具 ▢，在属性栏中将"填充"颜色设为白色，"描边"颜色设为无。在图像窗口中绘制一个矩形，效果如图9-23所示。在"图层"控制面板中生成新的形状图层"矩形1"。

图 9-22   图 9-23

（19）单击"图层"控制面板下方的"添加图层样式"按钮 fx，在弹出的菜单中选择"投影"命令，在弹出的对话框中进行设置，如图 9-24 所示。单击"确定"按钮，效果如图 9-25 所示。

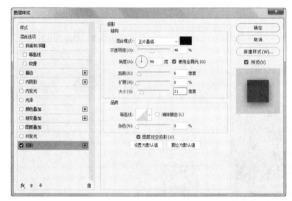

图 9-24   图 9-25

（20）在 02 图像窗口中，选择"移动"工具 ✛，分别将"首页""关注""社区""购物车"和"个人中心"图形拖曳到新建图像窗口中适当的位置，效果如图 9-26 所示。在"图层"控制面板中分别生成新的形状图层"首页""关注""社区""购物车"和"个人中心"。电商女装 App 界面制作完成，效果如图 9-27 所示。

图 9-26   图 9-27

9.3 制作音乐类 App 引导页

9.3.1 案例分析

音乐类 App 是专注于发现与分享音乐的移动设备产品。提供了海量音乐在线试听、新歌热歌在线首发、歌词翻译、手机铃声下载和高品质无损音乐试听等功能。本例将通过对图片和文字的合理设计，体现出音乐带给人们释放压力和自由自在的感觉。

在设计思路上，通过对背景的模糊处理，展现出音乐带给人们的朦胧感；主题和装饰图形的完美结合，展现出时尚和潮流感。

本例将使用"椭圆"工具绘制装饰图形，使用"高斯模糊"滤镜命令和"智能锐化"滤镜命令调整图片，使用剪贴蒙版调整图片显示区域。

9.3.2 案例效果

本案例设计的最终效果参看云盘中的"Ch09/效果/制作音乐类 App 引导页.psd"，如图 9-28 所示。

图 9-28

9.3.3 案例制作

（1）按 Ctrl+O 组合键，打开本书云盘中的"Ch09 ＞ 素材 ＞ 制作音乐类 App 引导页 ＞ 01"文件，效果如图 9-29 所示。将"背景"图层拖曳到"图层"控制面板下方的"创建新图层"按钮 上进行复制，生成新的图层并将其命名为"图片 拷贝"，如图 9-30 所示。

图 9-29   图 9-30

（2）单击"图片 拷贝"图层左侧的眼睛图标 ，将图层隐藏，如图 9-31 所示。选择"背景"图层，如图 9-32 所示。

图 9-31　　　　　　　　　　图 9-32

（3）选择"滤镜 > 模糊 > 高斯模糊"命令，在弹出的对话框中进行设置，如图 9-33 所示。单击"确定"按钮，效果如图 9-34 所示。

图 9-33　　　　　　　　　　图 9-34

（4）选择"椭圆"工具 ，在属性栏的"选择工具模式"选项中选择"形状"，将"填充"颜色设为黄色（255、211、0），"描边"颜色设为无。按住 Shift 键的同时，在图像窗口中绘制圆形，效果如图 9-35 所示。在"图层"控制面板中生成新的形状图层"椭圆 1"。按 Ctrl+J 组合键，复制图层，并将复制的图层拖曳到所有图层的上方，如图 9-36 所示。

图 9-35　　　　　　　　　　图 9-36

（5）单击"椭圆 1 拷贝"图层左侧的眼睛图标 ，将图层隐藏，如图 9-37 所示。选择并显示

"图片 拷贝"图层,如图 9-38 所示。

图 9-37   图 9-38

(6)选择"滤镜 > 锐化 > 智能锐化"命令,在弹出的对话框中进行设置,如图 9-39 所示。单击"确定"按钮,效果如图 9-40 所示。

图 9-39   图 9-40

(7)按 Alt+Ctrl+G 组合键,创建剪贴蒙版,如图 9-41 所示。选择并显示"椭圆 1 拷贝"图层,如图 9-42 所示。

图 9-41   图 9-42

(8)按 Ctrl+T 组合键,在圆形周围出现变换框。按住 Alt+Shift 组合键的同时,向内拖曳控制手柄,等比例缩小圆形。按 Enter 键确认操作,效果如图 9-43 所示。双击"椭圆 1 拷贝"图层的缩览图,弹出对话框,将颜色设为黑色。单击"确定"按钮,效果如图 9-44 所示。

图 9-43　　　　　　　　　　图 9-44

（9）单击"图层"控制面板下方的"添加图层样式"按钮 *fx*，在弹出的菜单中选择"描边"命令，弹出对话框。将描边颜色设为黄色（255、211、0），其他选项的设置如图 9-45 所示。单击"确定"按钮，效果如图 9-46 所示。

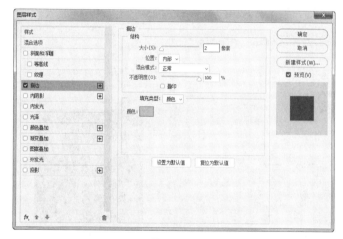 

图 9-45　　　　　　　　　　　　　　　　图 9-46

（10）在"图层"控制面板上方，将复制图层的"填充"选项设为 0，如图 9-47 所示。按 Enter键确认操作，效果如图 9-48 所示。

图 9-47　　　　　　　　　　图 9-48

（11）按 Ctrl+J 组合键，复制图层，生成"椭圆 1 拷贝 2"图层，如图 9-49 所示。按 Ctrl+T组合键，在圆形周围出现变换框。按住 Alt+Shift 组合键的同时，向外拖曳控制手柄，等比例放大圆形。按 Enter 键确认操作，效果如图 9-50 所示。

图 9-49　　　　　　　　　　　　图 9-50

（12）双击"椭圆 1 拷贝 2"图层的"描边"样式，弹出对话框。将描边颜色设为白色，其他选项的设置如图 9-51 所示。单击"确定"按钮，效果如图 9-52 所示。

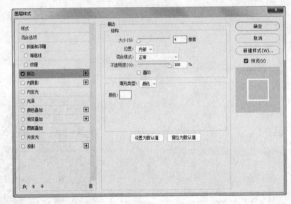

图 9-51　　　　　　　　　　　　图 9-52

（13）选择"椭圆 1 拷贝"图层。按 Ctrl+J 组合键，复制图层，生成"椭圆 1 拷贝 3"图层，并拖曳到"椭圆 1 拷贝 2"图层的上方，如图 9-53 所示。按 Ctrl+T 组合键，在圆形周围出现变换框。按住 Alt+Shift 组合键的同时，向外拖曳控制手柄，等比例放大圆形。按 Enter 键确认操作，效果如图 9-54 所示。

图 9-53　　　　　　　　　　　　图 9-54

（14）双击"椭圆 1 拷贝 3"图层的"描边"样式，弹出对话框，保持描边颜色不变，其他选项的设置如图 9-55 所示。单击"确定"按钮，效果如图 9-56 所示。

（15）按 Ctrl+O 组合键，打开本书云盘中的"Ch09 > 素材 > 制作音乐类 App 引导页 > 02"文件。选择"移动"工具 ⊕，将图片拖曳到图像窗口中适当的位置，效果如图 9-57 所示。在"图层"控制面板中生成新图层，将其命名为"信息"。音乐类 App 引导页制作完成。

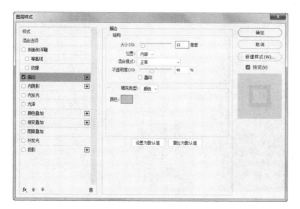

图 9-55

图 9-56

图 9-57

课堂练习1——制作电商运动鞋 App 界面

【练习知识要点】使用"新建参考线版面"命令新建参考线，使用"移动"工具添加素材图片，使用"圆角矩形"工具和"横排文字"工具添加界面内容，使用"矩形"工具和图层样式制作标签栏。最终效果如图 9-58 所示。

【效果所在位置】Ch09/效果/制作电商 App 界面.psd。

图 9-58

课堂练习2——制作社交类 App 引导页

【练习知识要点】使用"矩形"工具、"圆角矩形"工具和"变换"命令绘制图形，使用"椭圆"工具、"置入嵌入对象"命令和图层样式制作主体图标，使用"横排文字"工具和"字符"控制面板输入并调整文字。最终效果如图 9-59 所示。

【效果所在位置】Ch09/效果/制作社交类 App 引导页.psd。

图 9-59

课后习题 1——制作餐饮类 App 引导页

【习题知识要点】使用"置入嵌入对象"命令添加素材图片,使用"横排文字"工具和"字符"控制面板添加文字信息,使用"椭圆"工具和"圆角矩形"工具绘制滑动点及按钮。最终效果如图 9-60 所示。

【效果所在位置】Ch09/效果/制作餐饮类 App 引导页.psd。

图 9-60

课后习题 2——制作 IT 互联网 App 闪屏页

【习题知识要点】使用"椭圆"工具和"矩形"工具添加装饰图形,使用"移动"工具添加产品图片,使用"色阶"和"色相/饱和度"命令调整层调整产品色调,使用"横排文字"工具添加文字信息，使用"置入嵌入对象"命令置入图标。最终效果如图 9-61 所示。

【效果所在位置】Ch09/效果/制作 IT 互联网 App 闪屏页.psd。

图 9-61

第 10 章
Banner 设计

Banner 是帮助企业提高品牌转化率的重要表现形式，直接影响到用户是否购买企业的产品或参加活动，因此 Banner 设计对于产品及 UI 乃至企业运营至关重要。本章以不同类型的 Banner 为例，讲解 Banner 的设计方法和制作技巧。

课堂学习目标

✔ 了解 Banner 设计的基础知识
✔ 掌握 Banner 的设计思路
✔ 掌握 Banner 的设计手法
✔ 掌握 Banner 的制作技巧

10.1 Banner 设计概述

Banner 又称为横幅，即体现中心意旨的广告，用来宣传展示相关活动或产品，提高品牌转化率。Banner 常用于 Web 界面、App 界面或户外展示等，如图 10-1 所示。

网易云音乐 App Banner

淘宝 Web Banner

图 10-1

10.2　制作女包类 App 主页 Banner

10.2.1　案例分析

晒潮流是为广大年轻消费者提供的服饰销售及售后服务平台。平台拥有来自全球不同地区、不同风格的服饰，而且为用户推荐极具特色的新品。"双十一"来临之际，需要为女包平台设计一款 Banner，要求展现产品特色的同时，突出优惠力度。

在设计思路上，通过使用动静结合、具有冲击感的背景，营造出活力、热闹的氛围；主体图片与环境和主题完美结合，让人一目了然；色彩的使用富有朝气，给人青春洋溢的印象；文字的使用醒目突出，达到宣传的目的。

本例将使用"移动"工具添加素材图片，使用"色阶""色相/饱和度"和"亮度/对比度"命令调整图片颜色，使用"横排文字"工具添加广告文字。

10.2.2　案例效果

本案例设计的最终效果参看云盘中的"Ch10/效果/制作女包类 App 主页 Banner.psd"，如图 10-2 所示。

图 10-2

10.2.3　案例制作

（1）按 Ctrl+N 组合键，弹出"新建文档"对话框，设置宽度为 750 像素，高度为 200 像素，分辨率为 72 像素/英寸，颜色模式为 RGB，背景内容为白色。单击"创建"按钮，新建文件。

（2）按 Ctrl+O 组合键，打开本书云盘中的"Ch10 > 素材 > 制作女包类 App 主页 Banner > 01、02"文件。选择"移动"工具 ⊕，分别将图片拖曳到新建图像窗口中适当的位置，效果如图 10-3 所示。在"图层"控制面板中生成新的图层，将它们分别命名为"底图"和"包 1"。

图 10-3

（3）单击"图层"控制面板下方的"创建新的填充或调整图层"按钮 ◑，在弹出的菜单中选择"色阶"命令，在"图层"控制面板中生成"色阶 1"图层，同时弹出相应的"属性"控制面板。单击"此调整影响下面的所有图层"按钮 ⇲ 使其显示为"此调整剪切到此图层"按钮 ⇲，其他选项的设置如图 10-4 所示。按 Enter 键确认操作，图像效果如图 10-5 所示。

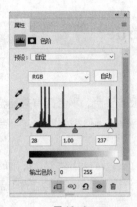

图 10-4

图 10-5

（4）按 Ctrl+O 组合键，打开本书云盘中的"Ch10 > 素材 > 制作女包类 App 主页 Banner > 03"文件。选择"移动"工具 ⊕ ，将图片拖曳到新建图像窗口中适当的位置，并调整其大小，效果如图 10-6 所示。在"图层"控制面板中生成新的图层，将其命名为"模特"。

（5）单击"图层"控制面板下方的"创建新的填充或调整图层"按钮 ● ，在弹出的菜单中选择"色相/饱和度"命令，在"图层"控制面板中生成"色相/饱和度 1"图层，同时弹出相应的"属性"控制面板。单击"此调整影响下面的所有图层"按钮 ⬚ 使其显示为"此调整剪切到此图层"按钮 ⬚ ，其他选项设置如图 10-7 所示。按 Enter 键确认操作，图像效果如图 10-8 所示。

图 10-6

图 10-7

图 10-8

（6）按 Ctrl+O 组合键，打开本书云盘中的"Ch10 > 素材 > 制作女包类 App 主页 Banner > 04"文件。选择"移动"工具 ⊕ ，将图片拖曳到新建图像窗口中适当的位置，效果如图 10-9 所示。在"图层"控制面板中生成新的图层，将其命名为"包 2"。

（7）单击"图层"控制面板下方的"创建新的填充或调整图层"按钮 ● ，在弹出的菜单中选择"亮度/对比度"命令，在"图层"控制面板中生成"亮度/对比度 1"图层，同时弹出相应的"属性"控制面板。单击"此调整影响下面的所有图层"按钮 ⬚ 使其显示为"此调整剪切到此图层"按钮 ⬚ ，其他选项设置如图 10-10 所示。按 Enter 键确认操作，图像效果如图 10-11 所示。

图 10-9   图 10-10   图 10-11

（8）选择"横排文字"工具 **T**，在适当的位置分别输入需要的文字并选取文字，在属性栏中分别选择合适的字体并设置大小，设置文本颜色为白色，效果如图 10-12 所示。在"图层"控制面板中生成新的文字图层。

图 10-12

（9）选择"圆角矩形"工具 □，在属性栏的"选择工具模式"选项中选择"形状"，将"填充"颜色设为橙黄色（255、213、42），"描边"颜色设为无，"半径"项设为 11 像素。在图像窗口中绘制圆角矩形，效果如图 10-13 所示。在"图层"控制面板中生成新的形状图层"圆角矩形 1"。

（10）选择"横排文字"工具 **T**，在适当的位置分别输入需要的文字并选取文字，在属性栏中分别选择合适的字体并设置大小，设置文本颜色为红色（234、57、34），效果如图 10-14 所示。在"图层"控制面板中生成新的文字图层。女包类 App 主页 Banner 制作完成，效果如图 10-15 所示。

图 10-13   图 10-14

图 10-15

10.3 制作空调扇 Banner 广告

10.3.1 案例分析

戴森尔是一家电商用品零售企业，贩售平整式包装的家具、配件、浴室和厨房用品等。公司近期推出新款变频空调扇，需要为其制作一个全新的网店首页海报，要求起到宣传公司新产品的作用，向客户传递清新和雅致的感受。

在设计思路上，通过以产品图片为主体的画面，模拟实际居家场景，带来直观的视觉感受；使用直观醒目的文字来诠释广告内容，表现活动特色；整体色彩清新干净，与宣传的主题相呼应；设计风格简洁大方，给人整洁干练的感觉。

本例将使用"椭圆选框"工具和"高斯模糊"滤镜命令为空调扇添加投影，使用色阶调整层调整图片颜色，使用"圆角矩形"工具、"横排文字"工具和"字符"控制面板添加产品品牌及相关功能。

10.3.2 案例效果

本案例设计的最终效果参看云盘中的"Ch10/效果/制作空调扇 Banner 广告.psd"，如图 10-16 所示。

图 10-16

10.3.3 案例制作

（1）按 Ctrl+N 组合键，弹出"新建文档"对话框，设置宽度为 1920 像素，高度为 800 像素，分辨率为 72 像素/英寸，颜色模式为 RGB，背景内容为白色。单击"创建"按钮，新建文件。

（2）按 Ctrl+O 组合键，打开本书云盘中的"Ch10 > 素材 > 制作空调扇 Banner 广告 > 01"文件。选择"移动"工具 ✛，将图片拖曳到图像窗口中适当的位置，调整大小并将其旋转到适当的角度，效果如图 10-17 所示。在"图层"控制面板中生成新图层，将其命名为"底图"。

（3）选择"文件 > 置入嵌入对象"命令，弹出"置入嵌入的对象"对话框。选择本书云盘中的"Ch10 > 效果 > 制作空调扇 Banner 广告 > 02"文件，单击"置入"按钮，将图片置入图像窗口中，并将其拖曳到适当的位置。按 Enter 键确认操作，效果如图 10-18 所示，在"图层"控制面板中生成新的图层，将其命名为"空调扇"。

图 10-17   图 10-18

（4）单击"图层"控制面板下方的"创建新的填充或调整图层"按钮 ，在弹出的菜单中选择"色阶"命令，在"图层"控制面板中生成"色阶 1"图层，同时弹出相应的"属性"控制面板。单击"此调整影响下面的所有图层"按钮 使其显示为"此调整剪切到此图层"按钮 ，其他选项的设置如图 10-19 所示。按 Enter 键确认操作，图像效果如图 10-20 所示。

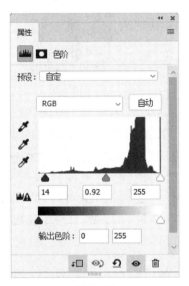

图 10-19   图 10-20

（5）新建图层并将其命名为"投影"。将前景色设为黑色。选择"椭圆选框"工具，在图像窗口中绘制椭圆选区。按 Alt+Delete 组合键，用前景色填充选区。按 Ctrl+D 组合键，取消选区，效果如图 10-21 所示。

（6）选择"滤镜 > 模糊 > 高斯模糊"命令，在弹出的对话框中进行设置，如图 10-22 所示。单击"确定"按钮，效果如图 10-23 所示。

图 10-21   图 10-22   图 10-23

（7）在"图层"控制面板中，将"投影"图层拖曳到"空调扇"图层的下方，如图 10-24 所示，图像效果如图 10-25 所示。

图 10-24   图 10-25

（8）选择"色阶 1"图层。按 Ctrl＋O 组合键，打开本书云盘中的"Ch10 ＞ 素材 ＞ 制作空调扇 Banner 广告 ＞ 03、04、05"文件。选择"移动"工具 ⊕，将图片分别拖曳到图像窗口中适当的位置，效果如图 10-26 所示。在"图层"控制面板中生成新图层，将它们分别命名为"树叶 1""树叶 2"和"绿植"。

（9）选择"横排文字"工具 T，在适当的位置分别输入需要的文字并选取文字，在属性栏中分别选择合适的字体并设置大小，设置文字颜色为灰色（27、27、27），效果如图 10-27 所示。在"图层"控制面板中分别生成新的文字图层。

图 10-26   图 10-27

（10）按住 Shift 键的同时，单击"4500W……"图层，将"新型变频……"和"4500W……"图层同时选取。设置文字颜色为蓝色（2、112、157），如图 10-28 所示。选择"4500W……"文字，按 Ctrl+T 组合键，弹出"字符"控制面板，选项的设置如图 10-29 所示。按 Enter 键确认操作，效果如图 10-30 所示。

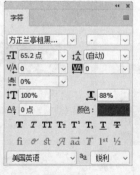

图 10-28   图 10-29   图 10-30

（11）选择"圆角矩形"工具 ▢，将"填充"颜色设为橘红色（245、63、0），"描边"颜色设为无，"半径"项设为 5 像素，在图像窗口中绘制圆角矩形，效果如图 10-31 所示。在"图层"控制面板中生成新的形状图层"圆角矩形 1"。

（12）选择"移动"工具 ⊕，按住 Alt+Shift 组合键的同时，拖曳图形到适当的位置，复制图形，效果如图 10-32 所示。用相同的方法再次复制两个图形，效果如图 10-33 所示。

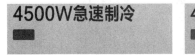

图 10-31   图 10-32   图 10-33

（13）选择"横排文字"工具 T，在适当的位置分别输入需要的文字并选取文字，在属性栏中分别选择合适的字体并设置大小，设置文字颜色为白色和灰色（27、27、27），效果如图 10-34 所示。在"图层"控制面板中分别生成新的文字图层。空调扇 Banner 广告制作完成，效果如图 10-35 所示。

图 10-34

图 10-35

课堂练习 1——制作化妆品 App 主页 Banner

【练习知识要点】使用"移动"工具添加素材图片，使用图层蒙版和"画笔"工具制作图片融合，使用"椭圆"工具和"高斯模糊"滤镜命令为化妆品添加阴影，使用"矩形"工具和"直接选择"工具制作装饰图形，使用"横排文字"工具和"字符"控制面板添加介绍性文字。最终效果如图 10-36 所示。

【效果所在位置】Ch10/效果/制作化妆品 App 主页 Banner.psd。

图 10-36

课堂练习 2——制作狗宝宝 App 主页 Banner

【练习知识要点】使用"通道"控制面板、"色阶"命令和"画笔"工具抠出小狗图片，使用"椭圆"工具和图层样式为图片添加投影，使用"圆角矩形"工具和"横排文字"工具添加文字。最终效果如图 10-37 所示。

【效果所在位置】Ch10/效果/制作狗宝宝 App 主页 Banner.psd。

图 10-37

课后习题 1——制作生活家具类网站 Banner

【习题知识要点】使用"添加杂色"命令、图层样式和"矩形"工具制作底图，使用"置入嵌入对象"命令置入图片，使用"色阶"命令、"色相/饱和度"命令和"曲线"命令调整图像。最终效果如图 10-38 所示。

【效果所在位置】Ch10/效果/制作生活家具类网站 Banner.psd。

图 10-38

课后习题 2——制作儿童服饰类网店首页 Banner

【习题知识要点】使用"移动"工具添加素材图片，使用图层样式为图片添加特殊效果，使用"圆角矩形"工具、"直线"工具和"横排文字"工具制作品牌及活动信息。最终效果如图 10-39 所示。

【效果所在位置】Ch10/效果/制作儿童服饰类网店首页 Banner.psd。

图 10-39

第 11 章
海报设计

海报是广告艺术中的一种大众化载体，又名"招贴"或"宣传画"。海报具有尺寸大、远视性强、艺术性高的特点，在宣传媒介中占有重要的地位。本章以多个主题的海报为例，讲解海报的设计方法和制作技巧。

课堂学习目标

- ✔ 了解海报的概念
- ✔ 了解海报的种类和特点
- ✔ 了解海报的表现方式
- ✔ 掌握海报的设计思路
- ✔ 掌握海报的制作方法和技巧

11.1 海报设计概述

海报被广泛张贴于街道、影剧院、展览会、商业闹市区、车站、码头、公园等公共场所，用来完成一定的宣传任务。文化类的海报招贴更加接近于纯粹的艺术表现，是最能张扬个性的一种设计艺术形式，可以在其中注入一个设计师的精神、一个企业的精神，甚至是一个民族、一个国家的精神。商业类的海报招贴具有一定的商业意义，其艺术性服务于商业目的。

11.1.1 海报的种类

海报按其用途不同大致可以分为商业海报、文化海报、电影海报和公益海报等，如图 11-1 所示。

商业海报　　　　　文化海报　　　　　电影海报　　　　　公益海报

图 11-1

11.1.2 海报的特点

尺寸大：海报被张贴于公共场所，其表现效果会受到周围环境等各种因素的干扰，所以必须以大画面及突出的形象和色彩展现在人们面前。海报的画面尺寸有全开、对开、长三开及特大画面（八张全开）等。

远视性强：为了给来去匆匆的人们留下视觉印象，除了尺寸大之外，海报设计还要充分体现定位设计的原理，以突出的文字、图形，对比强烈的色彩，大面积的空白，或简练的视觉流程，使海报成为视觉焦点。

艺术性高：商业海报的表现形式以具有艺术表现力的摄影、造型写实的绘画为主；而非商业海报则内容广泛，形式多样，艺术表现力丰富，特别是文化艺术类海报，设计者可以根据主题充分发挥想象力，尽情施展艺术才华。

11.1.3 海报的表现方式

文字语言的视觉表现：在海报中，标题的第一功能是吸引注意，第二功能是帮助潜在消费者形成购买意向，第三功能是引导潜在消费者阅读正文。因此，在编排画面时，标题要放在醒目的位置，比如视觉中心。在海报中，标语可以放在画面的任何位置，如果将其放在显要的位置，可以替代标题而发挥作用，如图 11-2 所示。

非文字语言的视觉表现：在海报中，插画的作用十分重要，它比文字更具有表现力。插画主要包括三大功能：吸引消费者注意力、快速将海报主题传达给消费者、促使消费者进一步得知海报信息的细节，如图 11-3 所示。

在海报的视觉表现中，还要注意处理好图文比例的关系，即进行海报的视觉设计时是以文字语言为主还是以非文字语言为主，要根据具体情况而定。

图 11-2　　　　　　　　　　　　　　　　图 11-3

11.2 制作运动健身公众号宣传海报

11.2.1 案例分析

天禾健身俱乐部是一家专业化健身俱乐部，整体布局时尚、动感、人性化，云集业界一流的健身教练，配备高档先进的健身项目，为会员的"健康事业"提供有力保障。本例是为俱乐部制作的宣传海报，要求能够体现出俱乐部的主要项目特色及健康生活的理念。

在设计思路上，使用健身房的实景照片作为背景，营造出热情、有活力的氛围；使用深色背景搭配浅色文字，画面以教练和器材为主体，效果直观；文字的设计与整个设计风格相呼应，让人印象深刻。

本例将使用"添加杂色"和"高反差保留"滤镜命令调整主体图片，使用混合模式制作图层的融合，使用"照片滤镜"命令为图像加色。

11.2.2 案例效果

本案例设计的最终效果参看云盘中的"Ch11/效果/制作运动健身公众号宣传海报.psd"，如图11-4 所示。

图 11-4

11.2.3 案例制作

（1）按 Ctrl + N 组合键，新建一个文件，宽度为 750 像素，高度为 1181 像素，分辨率为 72 像素/英寸，颜色模式为 RGB，背景内容为白色。单击"创建"按钮，新建文件。

（2）选择"矩形"工具 □，在属性栏中的"选择工具模式"选项中选择"形状"，将"填充"颜色设为黑色，"描边"颜色设为无。在图像窗口中适当的位置绘制矩形，如图 11-5 所示。在"图层"控制面板中生成新的形状图层"矩形 1"。

（3）选择"直接选择"工具 ▶，选取需要的锚点，如图 11-6 所示。按住 Shift 键的同时，拖曳锚点到适当的位置，效果如图 11-7 所示。

图 11-5　　　　　图 11-6　　　　　图 11-7

（4）按 Ctrl + O 组合键，打开本书云盘中的"Ch11 > 素材 > 制作运动健身公众号宣传海报 > 01"文件。选择"移动"工具 ⊕，将图像拖曳到新建的图像窗口中适当的位置，效果如图 11-8 所示。在"图层"控制面板中生成新的图层，将其命名为"图片"。按 Alt+Ctrl+G 组合键，为"图片"图层创建剪贴蒙版，如图 11-9 所示，效果如图 11-10 所示。

图 11-8　　　　　　　　　图 11-9　　　　　　　　　图 11-10

（5）将"图片"图层拖曳到控制面板下方的"创建新图层"按钮 🔲 上进行复制，生成新的图层"图片 拷贝"。按 Alt+Ctrl+G 组合键，为"图片 拷贝"图层创建剪贴蒙版，如图 11-11 所示。单击"图片 拷贝"图层左侧的眼睛图标👁，隐藏该图层，如图 11-12 所示。

图 11-11　　　　　　　　　　　图 11-12

（6）选中"图片"图层。选择"滤镜 > 杂色 > 添加杂色"命令。在弹出的对话框中进行设置，如图 11-13 所示，单击"确定"按钮。效果如图 11-14 所示。

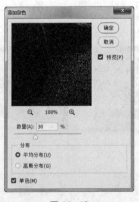 

图 11-13　　　　　　　　　　　图 11-14

（7）选择"图片 拷贝"图层。单击左侧的空白图标▢，显示该图层。在"图层"控制面板上方，将该图层的混合模式选项设为"柔光"，效果如图 11-15 所示。选择"滤镜 > 其他 > 高反差保留"命令，在弹出的对话框中进行设置，如图 11-16 所示。单击"确定"按钮，效果如图 11-17 所示。

图 11-15

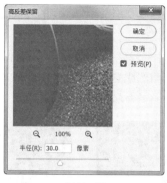
图 11-16

图 11-17

（8）单击"图层"控制面板下方的"创建新的填充或调整图层"按钮 ⬛，在弹出的菜单中选择
"照片滤镜"命令。在"图层"控制面板中生成"照片滤镜 1"图层，同时弹出相应的"属性"控制面
板。将颜色选项设为蓝色（0、145、236），其他选项的设置如图 11-18 所示。按 Enter 键确认操作，
效果如图 11-19 所示。

图 11-18

图 11-19

（9）选择"矩形"工具 ⬚，在属性栏中将"填充"颜色设为深蓝色（45、63、89），"描边"
颜色设为无。在图像窗口中适当的位置绘制矩形，如图 11-20 所示。在"图层"控制面板中生成新
的形状图层"矩形 2"。

（10）选择"直接选择"工具 ▸，选取右下角的锚点，如图 11-21 所示。按住 Shift 键的同时，
拖曳锚点到适当的位置。用相同的方法调整其他锚点，效果如图 11-22 所示。

图 11-20

图 11-21

图 11-22

（11）在"图层"控制面板上方，将"矩形 2"图层的混合模式选项设为"正片叠底"，图像效果如图 11-23 所示。

（12）按 Ctrl+O 组合键，打开本书云盘中的"Ch11 > 素材 > 制作运动健身公众号宣传海报 > 02"文件。选择"移动"工具 ✛，将图片拖曳到新建的图像窗口中适当的位置，如图 11-24 所示。在"图层"控制面板中生成新图层，将其命名为"文字和图片"。运动健身公众号宣传海报制作完成。

图 11-23   图 11-24

11.3 制作春之韵巡演海报

11.3.1 案例分析

呼兰区极地之光有限公司是一家组织文化艺术交流活动、进行文艺创作、承办展览展示等服务的公司。现由公司承办的由爱罗斯皇家芭蕾舞蹈团演绎的歌舞剧"春之韵"舞台剧将在呼兰热河剧场演出，需要设计一款巡演海报，要求能展现出此次巡演的主题和特色。

在设计思路上，使用色彩斑斓的背景营造出有活力且别具韵味的氛围，同时凸显出品质感；海报以人物为主体，具有视觉冲击力；画面排版主次分明，增加了画面的层次和美感。

本例将使用图层蒙版和"画笔"工具制作装饰图形，使用"色相饱和度"命令、"色阶"命令和"亮度/对比度"命令调整图片颜色，使用"横排文字"工具和"字符"控制面板添加标题和宣传性文字。

11.3.2 案例效果

本案例设计的最终效果参看云盘中的"Ch11/效果/制作春之韵巡演海报.psd"，如图 11-25 所示。

图 11-25

11.3.3 案例制作

1. 制作海报底图

（1）按 Ctrl+N 组合键，弹出"新建文档"对话框，设置宽度为 50 厘米，高度为 70 厘米，分辨率为 150 像素/英寸，颜色模式为 RGB，背景内容为白色。单击"创建"按钮，新建文件。

（2）按 Ctrl+O 组合键，打开本书云盘中的"Ch11 > 素材 > 制作春之韵巡演海报 > 01、02"文件。选择"移动"工具 ，分别将图片拖曳到新建图像窗口中适当的位置，效果如图 11-26 所示。在"图层"控制面板中生成新的图层，将它们分别命名为"底色"和"色彩"，如图 11-27 所示。

图 11-26   图 11-27

（3）单击"图层"控制面板下方的"添加图层蒙版"按钮 ，为"色彩"图层添加图层蒙版，如图 11-28 所示。将前景色设为黑色。选择"画笔"工具 ，在属性栏中单击画笔选项右侧的按钮 ，在弹出的面板中选择需要的画笔形状，如图 11-29 所示。在属性栏中将"不透明度"选项设为 60%，在图像窗口中进行涂抹，擦除不需要的部分，效果如图 11-30 所示。

图 11-28   图 11-29   图 11-30

（4）按 Ctrl+O 组合键，打开本书云盘中的"Ch11 > 素材 > 制作春之韵巡演海报 > 03"文件。选择"移动"工具 ，将图片拖曳到新建图像窗口中适当的位置，效果如图 11-31 所示。在"图层"控制面板中生成新的图层，将其命名为"人物"。

（5）单击"图层"控制面板下方的"创建新的填充或调整图层"按钮 ，在弹出的菜单中选择"色相/饱和度"命令，在"图层"控制面板中生成"色相/饱和度 1"图层，同时弹出相应的"属性"控制面板。单击"此调整影响下面的所有图层"按钮 使其显示为"此调整剪切到此图层"按钮 ，其他选项的设置如图 11-32 所示。按 Enter 键确认操作，图像效果如图 11-33 所示。

图 11-31 图 11-32 图 11-33

（6）单击"图层"控制面板下方的"创建新的填充或调整图层"按钮 ，在弹出的菜单中选择"色阶"命令，在"图层"控制面板中生成"色阶 1"图层，同时弹出相应的"属性"控制面板。单击"此调整影响下面的所有图层"按钮 使其显示为"此调整剪切到此图层"按钮 ，其他选项的设置如图 11-34 所示。按 Enter 键确认操作，图像效果如图 11-35 所示。

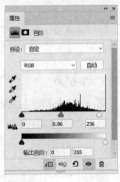 

图 11-34 图 11-35

（7）单击"图层"控制面板下方的"创建新的填充或调整图层"按钮 ，在弹出的菜单中选择"亮度/对比度"命令，在"图层"控制面板中生成"亮度/对比度 1"图层，同时弹出相应的"属性"控制面板。单击"此调整影响下面的所有图层"按钮 使其显示为"此调整剪切到此图层"按钮 ，其他选项的设置如图 11-36 所示。按 Enter 键确认操作，图像效果如图 11-37 所示。

（8）选中"亮度/对比度 1"图层的蒙版缩览图。选择"画笔"工具 ，在图像窗口中人物头部进行涂抹，擦除不需要的颜色，效果如图 11-38 所示。

图 11-36 图 11-37 图 11-38

2. 添加标题及宣传性文字

（1）选择"横排文字"工具 T.，在适当的位置分别输入需要的文字并选取文字，在属性栏中分别选择合适的字体并设置大小，设置文本颜色为海蓝色（0、22、46），效果如图 11-39 所示。在"图层"控制面板中生成新的文字图层。

（2）在"图层"控制面板中，将"春"文字图层拖曳到"人物"图层的下方，如图 11-40 所示，图像效果如图 11-41 所示。

图 11-39　　　　　　　　　图 11-40　　　　　　　　　图 11-41

（3）选择"横排文字"工具 T.，在适当的位置输入需要的文字并选取文字，在属性栏中选择合适的字体并设置大小，效果如图 11-42 所示。在"图层"控制面板中生成新的文字图层。

（4）按 Ctrl+T 组合键，弹出"字符"控制面板，将"设置行距"选项 設 自动 设置为 91 点，其他选项的设置如图 11-43 所示。按 Enter 键确认操作，效果如图 11-44 所示。

图 11-42　　　　　　　　　图 11-43　　　　　　　　　图 11-44

（5）选择"横排文字"工具 T.，分别选取字母"S""C"，在属性栏中设置文字大小，效果如图 11-45 所示。

（6）选择"横排文字"工具 T.，在适当的位置分别输入需要的文字并选取文字，在属性栏中分别选择合适的字体并设置大小，效果如图 11-46 所示。在"图层"控制面板中生成新的文字图层。

图 11-45　　　　　　　　　　　　　图 11-46

（7）选取文字"爱罗……演绎"。在"字符"控制面板中，将"设置所选字符的字距调整"选项 VA 0 设置为640，其他选项的设置如图 11-47 所示。按 Enter 键确认操作，效果如图 11-48 所示。

图 11-47　　　　　　　　　　　　　　图 11-48

（8）选取文字"维科……巨著"。在"字符"控制面板中，将"设置所选字符的字距调整"选项 VA 0 设置为1450，其他选项的设置如图 11-49 所示。按 Enter 键确认操作，效果如图 11-50 所示。

图 11-49　　　　　　　　　　　　　　图 11-50

（9）选择"横排文字"工具 T，在适当的位置输入需要的文字并选取文字，在属性栏中选择合适的字体并设置大小，效果如图 11-51 所示。在"图层"控制面板中生成新的文字图层。

（10）在"字符"控制面板中，将"设置行距"选项 A 自动 设置为48 点，其他选项的设置如图 11-52 所示。按 Enter 键确认操作，效果如图 11-53 所示。

图 11-51　　　　　　　　　图 11-52　　　　　　　　　图 11-53

（11）选择"横排文字"工具 **T.**，在适当的位置分别输入需要的文字并选取文字，在属性栏中分别选择合适的字体并设置大小，效果如图 11-54 所示。在"图层"控制面板中生成新的文字图层。

（12）选取文字"二十……巡演"。在"字符"控制面板中，将"设置所选字符的字距调整"选项 **VA 0** 设置为 100，其他选项的设置如图 11-55 所示。按 Enter 键确认操作，效果如图 11-56 所示。

图 11-54　　　　　　　图 11-55　　　　　　　图 11-56

（13）选择"直线"工具 **/.**，在属性栏的"选择工具模式"选项中选择"形状"，将"描边"颜色设为海蓝色（0、22、46），"描边宽度"项设为 2 像素。按住 Shift 键的同时，在图像窗口中绘制一条竖线，效果如图 11-57 所示。在"图层"控制面板中生成新的形状图层"形状 1"。

（14）选择"路径选择"工具 **▶.**。按住 Alt+Shift 组合键的同时，水平向右拖曳竖线到适当的位置，复制竖线，效果如图 11-58 所示。

| 呼兰站 | 呼兰站 |

图 11-57　　　　　　　图 11-58

（15）选择"横排文字"工具 **T.**，在适当的位置分别输入需要的文字并选取文字，在属性栏中分别选择合适的字体并设置大小，效果如图 11-59 所示。在"图层"控制面板中生成新的文字图层。

图 11-59

（16）选取数字"0210-89**87**"。在"字符"控制面板中，单击"仿斜体"按钮 **T**，其他选项的设置如图 11-60 所示。按 Enter 键确认操作，效果如图 11-61 所示。

图 11-60　　　　　　　　　　　　　图 11-61

（17）分别选取文字“呼兰热河剧场”“5 月 1 日、2 日、3 日（19:30）”，在属性栏中选择合适的字体，效果如图 11-62 所示。春之韵巡演海报制作完成，效果如图 11-63 所示。

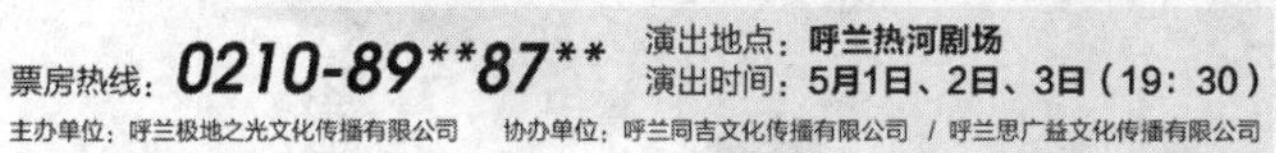

票房热线：0210-89**87**
演出地点：呼兰热河剧场
演出时间：5月1日、2日、3日（19：30）
主办单位：呼兰极地之光文化传播有限公司
协办单位：呼兰同吉文化传播有限公司 / 呼兰思广益文化传播有限公司

图 11-62

SPRING
CHARM
春
之
韵
二十周年荣耀纪念巡演

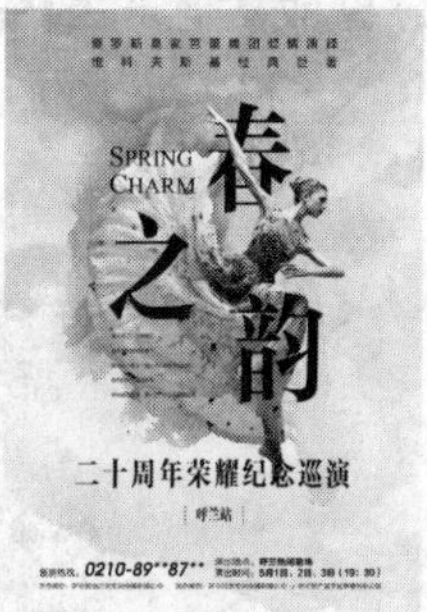

图 11-63

课堂练习 1——制作牛肉面海报

【练习知识要点】使用“移动”工具添加素材图片，使用“椭圆”工具、“横排文字”工具和“字符”控制面板制作路径文字，使用“横排文字”工具和“矩形”工具添加其他相关信息。最终效果如图 11-64 所示。

【效果所在位置】Ch11/效果/制作牛肉面海报.psd。

39元
订餐热线：400-78**89**

扫 码 观 看
本案例视频

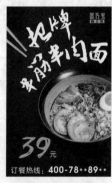

图 11-64

课堂练习 2——制作旅游公众号运营海报

【练习知识要点】使用“移动”工具合成海报背景，使用“横排文字”工具和图层样式制作宣传文字，使用“圆角矩形”工具、“直线”工具、“横排文字”工具和“字符”控制面板添加其他信息。最终效果如图 11-65 所示。

【效果所在位置】Ch11/效果/制作旅游公众号运营海报.psd。

图 11-65

课后习题 1——制作招聘运营海报

【习题知识要点】使用"移动"工具添加人物，使用"矩形"工具、"添加锚点"工具、"转换点"工具和"直接选择"工具制作会话框，使用"横排文字"工具和"字符"控制面板添加公司名称、职务信息和联系方式。最终效果如图 11-66 所示。

【效果所在位置】Ch11/效果/制作招聘运营海报.psd。

图 11-66

课后习题 2——制作旅行社推广海报

【习题知识要点】使用图层蒙版和"画笔"工具制作图片融合，使用"曲线"命令、"色相/饱和度"命令和"色阶"命令调整图像色调，使用"椭圆选框"工具和"填充"命令制作润色图形，使用"横排文字"工具添加文字信息，使用"矩形"工具和"直线"工具添加装饰图形。最终效果如图 11-67 所示。

【效果所在位置】Ch11/效果/制作旅行社推广海报.psd。

图 11-67

12

第 12 章
H5 页面设计

随着移动互联网的兴起，H5 逐渐成为了互联网传播领域的一个重要传播形式，因此学习和掌握 H5 设计制作成为了广大互联网从业人员的重要技能之一。本章以多个题材的 H5 页面为例，讲解 H5 页面的设计方法和制作技巧。

■ **课堂学习目标**

- ✔ 了解 H5 页面的概念
- ✔ 了解 H5 页面的特点
- ✔ 了解 H5 页面的分类
- ✔ 掌握 H5 页面的设计思路
- ✔ 掌握 H5 页面的表现手段
- ✔ 掌握 H5 页面的制作技巧

12.1　H5 页面设计概述

　　H5 页面指的是移动端上基于 HTML5 技术的交互动态网页，是用于移动互联网的一种新型营销工具，通过移动平台（如微信）传播，如图 12-1 所示。

（a）网易云音乐：你的荣格心理原型　（b）PUPUPULA：2018 汪年全家福　（c）我是创益人×腾讯广告×腾讯基
金会：敦煌数字修复

图 12-1

12.1.1　H5 页面的特点

H5 具有跨平台、多媒体、强互动以及易传播的特点，如图 12-2 所示。

图 12-2

12.1.2　H5 页面的分类

H5 页面可分为营销宣传、知识新闻、游戏互动及网站应用 4 类。

（1）营销宣传类 H5 是最常见的，它通常是为产品、品牌及活动做宣传推广而设计的。

（2）知识新闻类 H5 同样比较常见，它通常是根据社会重大事件进行新闻宣传、知识普及的。

（3）游戏互动类 H5 一般比较简单，在浏览器中点开就可以直接玩，不用安装卸载，通常多为娱乐或引流而制作。

（4）网站应用类 H5 在产品设计领域中常被称为"H5 网站"，可以直接在浏览器中观看和操作，不像 App 那样需要安装，它通常带有大量信息及 App 中的部分功能。

12.2　制作金融理财行业推广 H5 页面

12.2.1　案例分析

乐享投金融有限公司是一家以收购企业发行的股票、债券等方式来融通长期资金，以此支持私人企业发展的投资管理公司。本例是为公司最新推出的福利活动做一款 H5 页面，要求积极生动地体现出活动内容。

在设计思路上，通过使用简洁的背景，衬托前方宣传活动的氛围；红色和紫色的搭配能给人活泼、生动的印象；添加符合活动内容的元素，向客户传达需要表现的信息内容；整体设计醒目直观，让人印象深刻。

本例将使用"移动"工具添加装饰图形，使用"圆角矩形"工具和"矩形"工具绘制边框，使用"圆角矩形"工具、"椭圆"工具、"钢笔"工具、"横排文字"工具和剪贴蒙版绘制红包，使用"横排文字"工具、"椭圆"工具和"直线"工具添加活动信息。

12.2.2　案例效果

本案例设计的最终效果参看云盘中的"Ch12/效果/制作金融理财行业推广 H5 页面.psd"，如图 12-3 所示。

扫 码 观 看
本 案 例 视 频

图 12-3

12.2.3　案例制作

（1）按 Ctrl+N 组合键，弹出"新建文档"对话框，设置宽度为 750 像素，高度为 1850 像素，分辨率为 72 像素/英寸，颜色模式为 RGB，背景内容为粉色（255、41、83）。单击"创建"按钮，新建文件。

（2）选择"矩形"工具 □，在属性栏中的"选择工具模式"选项中选择"形状"，将"填充"颜色设为紫色（116、42、221），"描边"颜色设为无。在图像窗口中适当的位置绘制矩形，如图 12-4 所示。在"图层"控制面板中生成新的形状图层"矩形 1"。

（3）按 Ctrl＋O 组合键，打开本书云盘中的"Ch12＞ 素材 ＞ 制作金融理财行业推广 H5 页面 ＞ 01、02、03"文件。选择"移动"工具 ✛，分别将 01、02 和 03 图片拖曳到新建的图像窗口中适当的位置，并调整其大小，效果如图 12-5 所示。在"图层"控制面板中生成新的图层，将它们分别命名为"文字""装饰"和"装饰 2"。

（4）按住 Shift 键的同时，单击"矩形 1"图层，将"装饰 2"和"矩形 1"图层之间的所有图层同时选取。按 Ctrl+G 组合键，群组图层并将其命名为"标题"。

图 12-4　　　　　　图 12-5

（5）选择"圆角矩形"工具 ▢，在属性栏中将"填充"颜色设为黄色（247、214、111），"描边"颜色设为无，"半径"项设为 15 像素。在图像窗口中适当的位置绘制圆角矩形，如图 12-6 所示。在"图层"控制面板中生成新的形状图层"圆角矩形 1"。

（6）在属性栏中将"半径"项设为 8 像素，再次在适当的位置绘制圆角矩形。在属性栏中将"填充"颜色设为浅棕色（184、107、11），"描边"颜色设为无，如图 12-7 所示。在"图层"控制面板中生成新的形状图层"圆角矩形 2"。

图 12-6   图 12-7

（7）选择"矩形"工具 ▢，在适当的位置绘制矩形。在属性栏中将"填充"颜色设为白色，"描边"颜色设为无，如图 12-8 所示。在"图层"控制面板中生成新的形状图层"矩形 2"。

（8）按住 Shift 键的同时，单击"圆角矩形 1"图层，将"圆角矩形 1"和"矩形 2"图层之间的所有图层同时选取。按 Ctrl+G 组合键，群组图层并将其命名为"边框"，如图 12-9 所示。

图 12-8   图 12-9

（9）选择"横排文字"工具 T，在适当的位置输入需要的文字并选取文字，在属性栏中选择合适的字体并设置适当的文字大小，设置文字颜色为灰色（68、68、68），效果如图 12-10 所示。在"图层"控制面板中生成新的文字图层。

（10）选择"椭圆"工具 ◯，在属性栏中将"填充"颜色设为粉色（255、41、83），"描边"颜色设为无。按住 Shift 键的同时，在图像窗口中适当的位置绘制圆形，如图 12-11 所示，在"图层"控制面板中生成新的形状图层"椭圆 1"。

（11）选择"移动"工具 ✛，按住 Alt+Shift 组合键的同时，将其拖曳到适当的位置，复制圆形。用相同的方法再次复制圆形，如图 12-12 所示。

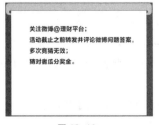  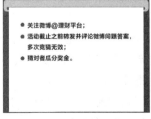

图 12-10   图 12-11   图 12-12

（12）选择"圆角矩形"工具 ，在属性栏中将"半径"项设为 10 像素，在图像窗口中适当的位置绘制圆角矩形。在属性栏中将"填充"颜色设为紫色（116、42、221），"描边"颜色设为无，如图 12-13 所示。在"图层"控制面板中生成新的形状图层"圆角矩形 3"。

（13）在属性栏中将"半径"项设为 10 像素，在适当的位置绘制圆角矩形。在属性栏中将"填充"颜色设为浅黄色（253、255、225），"描边"颜色设为无，再次在适当的位置绘制圆角矩形，如图 12-14 所示，在"图层"控制面板中生成新的形状图层"圆角矩形 4"。在属性栏中将"填充"颜色设为无，"描边"颜色设为灰色（186、186、186），"描边宽度"项设为 1 像素。再次在适当的位置绘制圆角矩形，如图 12-15 所示。在"图层"控制面板中生成新的形状图层"圆角矩形 5"。

● 关注微博@理财平台；
● 活动截止之前转发并评论微博问题答案，
　多次竞猜无效；
● 猜对者瓜分奖金。

图 12-13　　　　　　　图 12-14　　　　　图 12-15

（14）选择"横排文字"工具 **T.**，在适当的位置输入需要的文字并选取文字，在属性栏中选择合适的字体并设置适当的文字大小，设置文字颜色为粉色（255、41、83），效果如图 12-16 所示。在"图层"控制面板中生成新的文字图层。

（15）选择"椭圆"工具 ⊙.，在属性栏中将"填充"颜色设为粉色（255、41、83），"描边"颜色设为白色，"描边宽度"项设为 2 像素。按住 Shift 键的同时，在图像窗口中适当的位置绘制圆形，如图 12-17 所示。在"图层"控制面板中生成新的形状图层"椭圆 2"。

（16）选择"横排文字"工具 **T.**，在适当的位置输入需要的文字并选取文字，在属性栏中选择合适的字体并设置适当的文字大小，设置文字颜色为白色，效果如图 12-18 所示。在"图层"控制面板中生成新的文字图层。

图 12-16　　　　　　图 12-17　　　　　图 12-18

（17）选择"钢笔"工具 ∅.，在属性栏中的"选择工具模式"选项中选择"形状"，将"填充"颜色设为紫色（136、56、248），"描边"颜色设为无。按住 Shift 键的同时，在图像窗口中适当的位置绘制形状，如图 12-19 所示。在"图层"控制面板中生成新的形状图层"形状 1"。

（18）选择"横排文字"工具 **T.**，在适当的位置输入需要的文字并选取文字，在属性栏中选择合适的字体并设置适当的文字大小，设置文字颜色为白色，效果如图 12-20 所示。在"图层"控制面板中生成新的文字图层。

（19）按住 Shift 键的同时，单击"圆角矩形 4"图层，将"猜对一场"和"圆角矩形 4"图层之间的所有图层同时选取。按 Alt+Ctrl+G 组合键，创建剪贴蒙版，效果如图 12-21 所示。

图 12-19

图 12-20

图 12-21

（20）按住 Shift 键的同时，单击"圆角矩形 3"图层，将"猜对一场"和"圆角矩形 3"图层之间的所有图层同时选取。按 Ctrl+G 组合键，群组图层并将其命名为"红包"。用相同的方法制作"红包 2"图层组，如图 12-22 所示，效果如图 12-23 所示。

图 12-22

图 12-23

（21）选中"边框"图层组。按 Ctrl+J 组合键，复制图层组，生成新的图层组"边框 拷贝"。将其拖曳到"图层"控制面板的最上方，如图 12-24 所示。按住 Shift 键的同时，将"边框 拷贝"组中的所有图层同时选取。选择"移动"工具 ✛，按住 Shift 键的同时，在图像窗口中将其拖曳到适当的位置，如图 12-25 所示。

（22）选取"边框 拷贝"图层组中的"矩形 2"图层。按 Ctrl+T 组合键，在图形周围出现变换框，向上拖曳下方中间的控制手柄到适当的位置。按 Enter 键确认操作，效果如图 12-26 所示。

图 12-24

图 12-25

图 12-26

（23）选择"横排文字"工具 T，在适当的位置输入需要的文字并选取文字，在属性栏中选择合适的字体并设置适当的文字大小，设置文字颜色为灰色（68、68、68），效果如图 12-27 所示。在"图层"控制面板中生成新的文字图层。

（24）选择"直线"工具 /，在属性栏中将"填充"颜色设为无，"描边"颜色设为灰色（68、68、68），"描边宽度"项设为 2 像素。按住 Shift 键的同时，在图像窗口中适当的位置绘制直线，如图 12-28 所示。在"图层"控制面板中生成新的形状图层"形状 2"。选择"移动"工具 ⊕，按住 Alt+Shift 组合键的同时，将其拖曳到适当的位置，复制直线，如图 12-29 所示。

图 12-27   图 12-28   图 12-29

（25）选择"横排文字"工具 T，在适当的位置输入需要的文字并选取文字。在属性栏中选择合适的字体并设置适当的文字大小，设置文字颜色为灰色（68、68、68），效果如图 12-30 所示。在"图层"控制面板中生成新的文字图层。金融理财行业推广 H5 页面制作完成，效果如图 12-31 所示。

图 12-30   图 12-31

12.3 **制作食品餐饮行业产品营销H5页面**

12.3.1 案例分析

玫极客比萨店是一家中小型西餐厅，主打菜品为种类丰富的比萨，搭配各类意面、小食、汤类、甜品和饮品。本案例要为比萨店设计制作一款 H5 页面，要求画面主题明确，风格时尚简约，符合行业特性，能够突出招牌菜品。

在设计思路上，通过简洁大方的设计风格，使图文有序结合；经典的配色，多种美食元素的运用，使人充满食欲；菜品表现明确，注重细节的修饰。

本例将使用"移动"工具添加图像，使用"色相/饱和度"命令调整图像色调，使用"横排文字"工具添加文字，使用图层样式为文字添加描边，使用"自由变换"命令旋转文字。

12.3.2 案例效果

本案例设计的最终效果参看云盘中的"Ch12/效果/制作食品餐饮行业产品营销 H5 页面.psd",如图 12-32 所示。

图 12-32

12.3.3 案例制作

（1）按 Ctrl＋O 组合键，打开本书云盘中的"Ch12 ＞ 素材 ＞ 制作食品餐饮行业产品营销 H5 页面 ＞ 01、02"文件。选择"移动"工具 ⊕，将 02 图片拖曳到 01 图像窗口中适当的位置，并调整其大小，效果如图 12-33 所示。在"图层"控制面板中生成新的图层并将其命名为"比萨"。

（2）单击"图层"控制面板下方的"创建新的填充或调整图层"按钮 ◑，在弹出的菜单中选择"色相/饱和度"命令。在"图层"控制面板中生成"色相/饱和度 1"图层，同时弹出相应的"属性"控制面板。单击"此调整影响下面的所有图层"按钮 ↴ 使其显示为"此调整剪切到此图层"按钮 ↴，其他选项的设置如图 12-34 所示。按 Enter 键确认操作，图像效果如图 12-35 所示。

图 12-33   图 12-34   图 12-35

（3）按 Ctrl＋O 组合键，打开本书云盘中的"Ch12 ＞ 素材 ＞ 制作食品餐饮行业产品营销 H5 页面 ＞ 03、04、05、06、07"文件。选择"移动"工具 ⊕，分别将 03、04、05、06 和 07 图像拖曳到 01 图像窗口中适当的位置，并调整其大小，效果如图 12-36 所示。在"图层"控制面板中分别生成新的图层，将它们命名为"粉""花椒粒""菜叶""圆葱"和"蘑菇"。

（4）选择"横排文字"工具 T，在适当的位置分别输入需要的文字并选取文字，在属性栏中分别选择合适的字体并设置大小，设置文本颜色为白色，按 Alt+→ 组合键，适当调整文字的间距，效果如图 12-37 所示。在"图层"控制面板中生成新的文字图层。

图 12-36　　　　　　　图 12-37

（5）按住 Shift 键的同时，将两个文字图层同时选取。按 Ctrl+T 组合键，在文字周围出现变换框。将鼠标指针放在变换框的控制手柄外边，指针变为旋转图标↰，拖曳鼠标将文字旋转到适当的角度。按 Enter 键确认操作，效果如图 12-38 所示。

（6）单击"图层"控制面板下方的"添加图层样式"按钮 *fx*，在弹出的菜单中选择"描边"命令，弹出对话框。将描边颜色设为黄色（255、144、0），其他选项的设置如图 12-39 所示。选择"投影"选项，将投影颜色设为黑色，其他选项的设置如图 12-40 所示。单击"确定"按钮，效果如图 12-41 所示。

 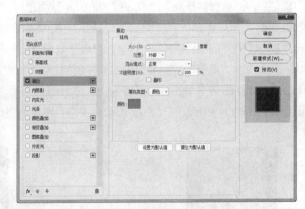

图 12-38　　　　　　　　　　　　　图 12-39

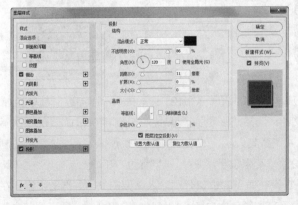 

图 12-40　　　　　　　　　　　图 12-41

（7）选择"横排文字"工具 **T.**，在适当的位置输入需要的文字并选取文字，在属性栏中选择合适的字体并设置大小，设置文本颜色为白色，效果如图 12-42 所示。在"图层"控制面板中生成新的文字图层。用相同的方法再次分别输入文字并选取文字，按 Alt+→ 组合键，适当调整文字的间距，效果如图 12-43 所示。

图 12-42　　　　　　　图 12-43

（8）按住 Shift 键的同时，单击"5"图层，将需要的图层同时选取。按 Ctrl+T 组合键，在文字周围出现变换框。将鼠标指针放在变换框的控制手柄外边，指针变为旋转图标 ↱，拖曳鼠标将文字旋转到适当的角度。按 Enter 键确认操作，效果如图 12-44 所示。

（9）按 Ctrl+O 组合键，打开本书云盘中的"Ch12 > 素材 > 制作食品餐饮行业产品营销 H5 页面 > 08、09、10"文件。选择"移动"工具 ✛，分别将 08、09 和 10 图片拖曳到 01 图像窗口中适当的位置，并调整其大小，效果如图 12-45 所示。在"图层"控制面板中生成新的图层，将它们分别命名为"Logo""叶子"和"辣椒"。食品餐饮行业产品营销 H5 页面制作完成。

图 12-44　　　　　　　图 12-45

课堂练习1——制作家居装修行业杂志介绍H5

【练习知识要点】使用"色相/饱和度"命令、"照片滤镜"命令和"色阶"命令调整图像色调，使用"矩形"工具、"钢笔"工具、"直接选择"工具和"椭圆"工具绘制装饰图形，使用"横排文字"工具添加文字信息，使用"置入嵌入对象"命令置入图像。最终效果如图 12-46 所示。

【效果所在位置】Ch12/效果/制作家居装修行业杂志介绍 H5.psd。

图 12-46

课堂练习 2——制作食品餐饮行业产品介绍 H5

【练习知识要点】使用"移动"工具和"HDR 色调"命令调整图像,使用"横排文字"工具和图层样式添加文字。最终效果如图 12-47 所示。

【效果所在位置】Ch12/效果/制作食品餐饮行业产品介绍 H5.psd。

图 12-47

课后习题 1——制作中信达娱乐 H5 首页

【习题知识要点】使用图层的混合模式和"半调图案"滤镜命令处理人物图像,使用"横排文字"工具添加文字信息。最终效果如图 12-48 所示。

【效果所在位置】Ch11/效果/制作中信达娱乐 H5 首页.psd。

图 12-48

课后习题 2——制作女装活动页 H5 首页

【习题知识要点】使用"矩形选框"工具和"描边"命令制作白色边框，使用"载入选区"命令和图层样式制作水果特效，使用"横排文字"工具添加文字信息。最终效果如图 12-49 所示。

【效果所在位置】Ch12/效果/制作女装活动页 H5 首页.psd。

图 12-49

第13章
书籍装帧设计

精美的书籍装帧设计可以使读者萌发阅读本书的欲望，从而扩大影响、促进销量。书籍装帧整体设计所需要考虑的项目包括开本设计、封面设计、版本设计、使用材料等内容。本章以多个主题的书籍装帧设计为例，讲解封面的设计方法和制作技巧。

课堂学习目标

- ✔ 了解书籍装帧设计的概念
- ✔ 了解书籍的结构
- ✔ 掌握书籍装帧设计的思路
- ✔ 掌握书籍装帧设计的表现手段
- ✔ 掌握书籍装帧设计的技巧

13.1　书籍装帧设计概述

书籍装帧设计是指书籍的整体设计，它包括的内容很多，其中，封面、扉页、插图和正文设计是四大主体设计要素。

13.1.1　书籍结构图

书籍结构如图 13-1 所示。

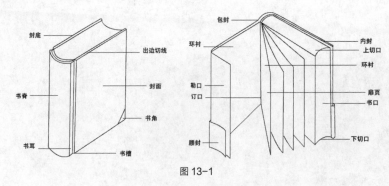

图 13-1

13.1.2　封面

封面是书籍的外表和标志，兼有保护书籍内文页和美化书籍外在形态的作用，是书籍装帧的重要组成部分，如图 13-2 所示。封面包括平装和精装两种。

要把书籍的封面设计好，就要注意把握书籍封面的 5 个要素：文字、材料、图案、色彩和工艺。

图 13-2

13.1.3　扉页

扉页是指封面或环衬页后的一页。上面所载的文字内容与封面的要求类似，但要比封面文字的内容详尽。扉页的背面可以是空白的，也可以适当加一点图案进行装饰点缀。

除向读者介绍书名、作者名和出版社名外，扉页还是书的入口和序曲，因而是书籍内部设计的重点。它的设计要能表现出书籍的内容、时代精神和作者风格，如图 13-3 所示。

 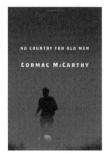 

图 13-3

13.1.4　插图

插图设计是活跃书籍内容的一个重要因素。有了它，读者就能充分展开联想，从而加深对内容的理解，并获得一种艺术的享受，如图 13-4 所示。

 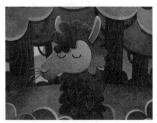 

图 13-4

13.1.5　正文

书籍的核心和最基本的部分是正文，它是书籍设计的基础。正文设计的主要任务是方便读者，减少阅读的困难和疲劳，同时给读者以美的享受，如图 13-5 所示。

正文包括几大要素：开本、版心、字体、行距、重点标志、段落起行、页码、标题、注文。

图 13-5

13.2　制作时尚杂志封面

13.2.1　案例分析

时尚风格杂志社专为走在时尚前沿的人们开发资讯类杂志。本杂志的主要内容是介绍完美彩妆、流行影视、时尚发型、服饰等信息，获得了广大新新人类的喜爱。现要求进行本杂志新一期的封面设计，用于杂志的出版及发售，在设计上要营造出时尚感和现代感。

在设计思路上，通过将极具现代气息的女性照片作为画面主体，展现出时尚和潮流感；栏目标题的设计能诠释杂志内容，表现杂志特色；画面色彩清新雅致，给人舒适感；设计风格具有特色，版式布局相对集中紧凑、合理有序。

本例将使用"移动"工具和图层样式添加文字，使用"横排文字"工具和"字符"控制面板制作杂志文字，使用"多边形"工具添加装饰图形。

13.2.2　案例效果

本案例设计的最终效果参看云盘中的"Ch13/效果/制作时尚杂志封面.psd"，如图 13-6 所示。

图 13-6

13.2.3 案例制作

（1）按 Ctrl+N 组合键，弹出"新建文档"对话框，设置宽度为 21 厘米，高度为 28.5 厘米，分辨率为 150 像素/英寸，颜色模式为 RGB，背景内容为蓝绿色（171、219、219）。单击"创建"按钮，新建文件。

（2）按 Ctrl + O 组合键，打开本书云盘中的"Ch13 > 素材 > 制作时尚杂志封面 > 01"文件。选择"移动"工具 ，将人物图片拖曳到图像窗口中适当的位置，效果如图 13-7 所示。在"图层"控制面板中生成新图层，将其命名为"人物"。

（3）单击"图层"控制面板下方的"添加图层样式"按钮 ，在弹出的菜单中选择"投影"命令，在弹出的对话框中进行设置，如图 13-8 所示。单击"确定"按钮，效果如图 13-9 所示。

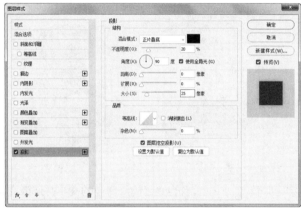

图 13-7　　　　　　　　　　　　　　　图 13-8　　　　　　　　　　　　　　　图 13-9

（4）选择"横排文字"工具 ，在适当的位置分别输入需要的文字并选取文字，在属性栏中选择合适的字体并设置大小，设置文本颜色为白色，效果如图 13-10 所示。在"图层"控制面板中生成新的文字图层。

（5）选择"知女"图层。选择"窗口 > 字符"命令，弹出"字符"控制面板，选项的设置如图 13-11 所示。按 Enter 键确认操作，效果如图 13-12 所示。

图 13-10　　　　　　　　　　　　　　图 13-11　　　　　　　　　　　　　　图 13-12

（6）选择"时尚先锋"图层。在"字符"控制面板中，选项的设置如图 13-13 所示。按 Enter 键确认操作，效果如图 13-14 所示。

图 13-13   图 13-14

（7）选择"人物"图层。按住 Shift 键的同时，将"知女"和"时尚先锋"图层同时选取，拖曳到"人物"图层的下方，如图 13-15 所示，图像效果如图 13-16 所示。

图 13-15   图 13-16

（8）选择"横排文字"工具 [T]，在适当的位置输入需要的文字并选取文字，在属性栏中选择合适的字体并设置大小，设置文本颜色为黑灰色（21、21、21），效果如图 13-17 所示。在"图层"控制面板中生成新的文字图层。用相同的方法分别输入其他文字，并分别调整其字距，效果如图 13-18 所示。

图 13-17   图 13-18

（9）选择文字"30"，设置文本颜色为浅绿色（222、245、202），效果如图 13-19 所示。用相同的方法分别输入其他文字，并分别调整其字距，效果如图 13-20 所示。

图 13-19   图 13-20

（10）选择"横排文字"工具 T.，在适当的位置分别输入需要的文字并选取文字，在属性栏中分别选择合适的字体并设置大小，设置文本颜色为白色，效果如图 13-21 所示。在"图层"控制面板中分别生成新的文字图层。

（11）选择"多边形"工具 ◯.，在属性栏中的"选择工具模式"选项中选择"形状"，将"填充"颜色设为浅绿色（222、245、202），"描边"颜色设为无，"边"项设为 6。单击 ✿ 按钮，在弹出的面板中进行设置，如图 13-22 所示。在图像窗口中绘制星形，效果如图 13-23 所示。在"图层"控制面板中生成新的图层"多边形 1"。

图 13-21　　　　　　　　　　图 13-22　　　　　　　　　　图 13-23

（12）选择"横排文字"工具 T.，在适当的位置分别输入需要的文字并选取文字，在属性栏中分别选择合适的字体并设置大小，设置文本颜色为黑灰色（21、21、21），效果如图 13-24 所示。在"图层"控制面板中生成新的文字图层。

（13）按住 Shift 键的同时，单击"近 300 件"图层，将"近 300 件"和"商品边看边买"图层同时选取。按 Ctrl+T 组合键，在文字周围出现变换框。将鼠标指针放在变换框的控制手柄外边，指针变为旋转图标 ↰，拖曳鼠标将文字旋转到适当的角度。按 Enter 键确认操作，效果如图 13-25 所示。时尚杂志封面制作完成，效果如图 13-26 所示。

图 13-24　　　　　　　　　　图 13-25　　　　　　　　　　图 13-26

13.3　制作摄影书籍封面

13.3.1　案例分析

文安影像出版社是一家为广大读者及出版界提供品种丰富且文化含量高的优质图书的出版社。出版社目前有一本新书上市，需要根据其内容特点设计书籍封面及封底的内容。

在设计思路上，以优秀摄影作品为主要内容，吸引读者的注意；在画面中添加推荐文字，布局合理，主次分明；封底与封面相互呼应，向读者传达主要的信息内容。

本例将使用"矩形"工具、"移动"工具和剪贴蒙版制作主体照片，使用"横排文字"工具和"字符"控制面板添加书籍信息，使用"矩形"工具和"自定形状"工具绘制标识。

13.3.2　案例效果

本案例设计的最终效果参看云盘中的"Ch13/效果/制作摄影书籍封面.psd"，如图 13-27 所示。

图 13-27

13.3.3　案例制作

1．制作书籍封面

（1）按 Ctrl+N 组合键，弹出"新建文档"对话框，设置宽度为 35.5 厘米，高度为 22.9 厘米，分辨率为 300 像素/英寸，颜色模式为 RGB，背景内容为灰色（233、233、233）。单击"创建"按钮，新建文件。

（2）选择"视图 > 新建参考线"命令，在弹出的对话框中进行设置，如图 13-28 所示。单击"确定"按钮，效果如图 13-29 所示。

图 13-28　　　　　　　　　　图 13-29

（3）用相同的方法在 18.5cm 处新建另一条参考线，效果如图 13-30 所示。选择"矩形"工具 ▢，在属性栏中的"选择工具模式"选项中选择"形状"，将"填充"颜色设为蓝绿色（171、219、219）。在图像窗口中绘制矩形，效果如图 13-31 所示。在"图层"控制面板中生成新的图层"矩形 1"。

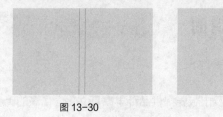

图 13-30　　　　　　　　　　图 13-31

（4）按 Ctrl＋O 组合键，打开本书云盘中的"Ch13＞素材＞制作摄像书籍封面＞01"文件。选择"移动"工具 ⊕，将图片拖曳到新建图像窗口中适当的位置，效果如图 13-32 所示。在"图层"控制面板中生成新图层，将其命名为"照片 1"。按 Alt+Ctrl+G 组合键，创建剪贴蒙版，效果如图 13-33 所示。

图 13-32   图 13-33

（5）按住 Shift 键的同时，单击"矩形 1"图层，将"矩形 1"和"照片 1"图层同时选取。按住 Alt+Shift 组合键的同时，将其拖曳到适当的位置，复制图像，效果如图 13-34 所示。选择"照片 1 拷贝"图层，按 Delete 键，删除该图层，效果如图 13-35 所示。

（6）按 Ctrl+T 组合键，在图像周围出现变换框，将鼠标指针放在下方中间的控制手柄上，向上拖曳到适当的位置。用相同的方法向右拖曳右侧中间的控制手柄。按 Enter 键确认操作，效果如图 13-36 所示。

图 13-34   图 13-35   图 13-36

（7）按 Ctrl＋O 组合键，打开本书云盘中的"Ch13＞素材＞制作摄像书籍封面＞02"文件。选择"移动"工具 ⊕，将图片拖曳到新建图像窗口中适当的位置，效果如图 13-37 所示。在"图层"控制面板中生成新图层，将其命名为"照片 2"。按 Alt+Ctrl+G 组合键，创建剪贴蒙版，效果如图 13-38 所示。用相同的方法制作其他照片，效果如图 13-39 所示。

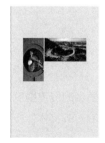

图 13-37   图 13-38   图 13-39

（8）选择"横排文字"工具 **T**，在适当的位置分别输入需要的文字并选取文字，在属性栏中分别选择合适的字体并设置大小，效果如图 13-40 所示。在"图层"控制面板中分别生成新的文字图层。选择"零基础学……"文字图层。选择"窗口 > 字符"命令，弹出"字符"控制面板，选项的设置如图 13-41 所示。按 Enter 键确认操作，效果如图 13-42 所示。

（9）按住 Ctrl 键的同时，单击"零基础学……""走进摄影世界""构图与用光"和"矩形 1 拷贝 5"图层，将其同时选取。选择"移动"工具 ✤，单击属性栏中的"右对齐"按钮 ▤，对齐文字和图形，效果如图 13-43 所示。

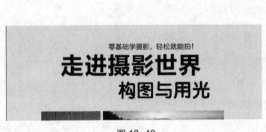

图 13-40

图 13-41

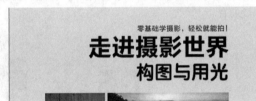

图 13-42 　　　　　　　　　　　　　　　　图 13-43

（10）按住 Ctrl 键的同时，单击"零基础学……"和"构图与用光"图层，将其同时选取。在"字符"面板中，将"颜色"选项设为橘色（255、87、9），效果如图 13-44 所示。按 Ctrl+O 组合键，打开本书云盘中的"Ch13 > 素材 > 制作摄像书籍封面 > 07"文件。选择"移动"工具 ✤，将图片拖曳到新建图像窗口中适当的位置，效果如图 13-45 所示。在"图层"控制面板中生成新图层，将其命名为"相机"。

图 13-44 　　　　　　　　　　　　　　　　图 13-45

（11）选择"横排文字"工具 **T**，在适当的位置拖曳文本框输入需要的文字并选取文字，在属性栏中选择合适的字体并设置大小，选中"右对齐文本"按钮 ▤，效果如图 13-46 所示。在"图层"控制面板中生成新的文字图层。

（12）按住 Ctrl 键的同时，单击"摄影是一门……"和"矩形 1 拷贝 5"图层，将其同时选取。选择"移动"工具 ⊕，单击属性栏中的"右对齐"按钮 ■，对齐文字和图形，效果如图 13-47 所示。

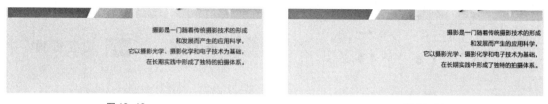

图 13-46　　　　　　　　　　　　　图 13-47

（13）选择"摄影是一门……"图层。在"字符"控制面板中，选项的设置如图 13-48 所示。按 Enter 键确认操作，效果如图 13-49 所示。

　　　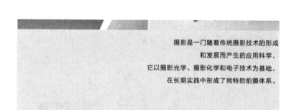

图 13-48　　　　　　　　　　　　图 13-49

（14）选择"横排文字"工具 T，在适当的位置分别输入需要的文字并选取文字，在属性栏中分别选择合适的字体并设置大小，效果如图 13-50 所示。在"图层"控制面板中分别生成新的文字图层。

（15）选择"矩形"工具 □，在属性栏中将"填充"颜色设为绿色（111、194、20），在图像窗口中绘制矩形，效果如图 13-51 所示。在"图层"控制面板中生成新的图层"矩形 2"。

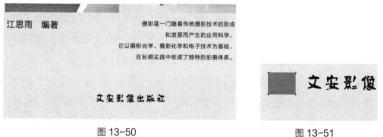

图 13-50　　　　　　　　　　　　图 13-51

（16）选择"自定形状"工具 ⚙，单击属性栏中的"形状"选项，弹出形状选择面板，单击面板右上方的 ⚙ 按钮，在弹出的菜单中选择"全部"命令，弹出提示对话框，单击"确定"按钮。在形状选择面板中选中需要的图形，如图 13-52 所示。在属性栏中将"填充"颜色设为黑色，在图像窗口中拖曳鼠标绘制图形，效果如图 13-53 所示。

（17）选择"横排文字"工具 T，在适当的位置输入需要的文字并选取文字，在属性栏中选择合适的字体并设置大小，按 Alt+→ 组合键，适当调整文字的间距，效果如图 13-54 所示。在"图层"控制面板中生成新的文字图层。

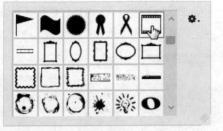

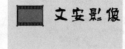

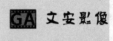

图 13-52   图 13-53   图 13-54

（18）按住 Shift 键的同时，单击"矩形 1"图层，将"GA"和"矩形 1"图层之间的所有图层同时选取。按 Ctrl+G 组合键，群组图层并将其命名为"封面"。

2．制作书籍封底

（1）选择"矩形"工具 ，在属性栏中将"填充"颜色设为灰色（170、170、170），在图像窗口中绘制矩形，效果如图 13-55 所示。在"图层"控制面板中生成新的图层"矩形 3"。

（2）按 Ctrl＋O 组合键，打开本书云盘中的"Ch13 > 素材 > 制作摄像书籍封面 > 08"文件。选择"移动"工具 ⊕，将图片拖曳到新建图像窗口中适当的位置，效果如图 13-56 所示。在"图层"控制面板中生成新图层，将其命名为"照片 7"。按 Alt+Ctrl+G 组合键，创建剪贴蒙版，效果如图 13-57 所示。

图 13-55   图 13-56   图 13-57

（3）按住 Shift 键的同时，单击"矩形 3"图层，将"矩形 3"和"照片 7"图层同时选取。按住 Alt+Shift 组合键的同时，将其拖曳到适当的位置，复制图像，效果如图 13-58 所示。选择"照片 7 拷贝"图层，按 Delete 键，删除该图层，效果如图 13-59 所示。

（4）按 Ctrl＋O 组合键，打开本书云盘中的"Ch13 > 素材 > 制作摄像书籍封面 > 09"文件。选择"移动"工具 ⊕，将图片拖曳到新建图像窗口中适当的位置，效果如图 13-60 所示。在"图层"控制面板中生成新图层并将其命名为"照片 8"。

图 13-58   图 13-59   图 13-60

（5）按 Alt+Ctrl+G 组合键，创建剪贴蒙版，效果如图 13-61 所示。用相同的方法制作下方的照片，效果如图 13-62 所示。选择"横排文字"工具 **T.**，在适当的位置输入需要的文字并选取文字，在属性栏中选择合适的字体并设置大小，效果如图 13-63 所示。在"图层"控制面板中生成新的文字图层。

图 13-61　　　　　　　图 13-62　　　　　　　图 13-63

（6）选择文字"出版人"。在"字符"控制面板中，选项的设置如图 13-64 所示。按 Enter 键确认操作，效果如图 13-65 所示。用相同的方法调整其他文字，效果如图 13-66 所示。

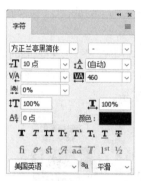
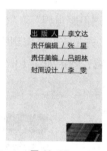
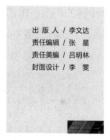

图 13-64　　　　　　　图 13-65　　　　　　　图 13-66

（7）选择"矩形"工具 **□.**，在属性栏中将"填充"颜色设为白色。在图像窗口中绘制矩形，效果如图 13-67 所示。在"图层"控制面板中生成新的图层"矩形 4"。按 Ctrl+J 组合键，复制图形，生成新的图层"矩形 4 拷贝"。

（8）按 Ctrl+T 组合键，在图像周围出现变换框。将鼠标指针放在下方中间的控制手柄上，向上拖曳到适当的位置。按 Enter 键确认操作，效果如图 13-68 所示。选择"移动"工具 **↔.**，按住 Alt 键的同时，将其拖曳到适当的位置，复制图形，效果如图 13-69 所示。

图 13-67　　　　　　　图 13-68　　　　　　　图 13-69

（9）选择"横排文字"工具 $\boxed{\text{T}}$ ，在适当的位置分别输入需要的文字并选取文字，在属性栏中分别选择合适的字体并设置适当的文字大小，设置文字颜色为白色，效果如图13-70所示。在"图层"控制面板中分别生成新的文字图层。

（10）按住Shift键的同时，单击"ISBN……"和"定价：28.00元"图层，将两个文字图层同时选取。在"字符"控制面板中，选项的设置如图13-71所示。按Enter键确认操作，效果如图13-72所示。

图 13-70   图 13-71   图 13-72

（11）按住Shift键的同时，单击"矩形3"图层，将"定价：28.00元"和"矩形3"图层之间的所有图层同时选取。按Ctrl+G组合键，群组图层并将其命名为"封底"。

3. 制作书籍书脊

（1）按住Ctrl键的同时，单击"走进摄影世界"和"构图与用光"图层，将其同时选取。按Ctrl+J组合键，复制文字，生成新的复制图层，并将它们拖曳到所有图层的上方，如图13-73所示。选择"移动"工具 $\boxed{\oplus}$ ，将文字拖曳到适当的位置，效果如图13-74所示。

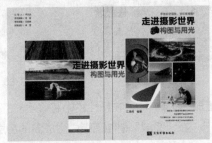

扫码观看
本案例视频

图 13-73   图 13-74

（2）选择"横排文字"工具 $\boxed{\text{T}}$ ，在属性栏中单击"切换文本取向"按钮 $\boxed{\text{工}}$ ，竖排文字，效果如图13-75所示。分别选取文字，并调整其大小。选择"移动"工具 $\boxed{\oplus}$ ，将文字分别拖曳到适当的位置，效果如图13-76所示。

图 13-75   图 13-76

（3）按住 Ctrl 键的同时，单击"相机""矩形 2"和"形状 1"图层，将其同时选取。按 Ctrl+J 组合键，复制图像，生成新的复制图层，并将它们拖曳到所有图层的上方。选择"移动"工具 ，分别将图形和图像拖曳到适当的位置，并调整其大小，效果如图 13-77 所示。

（4）用上述方法复制文字，并调整文字的取向和大小，效果如图 13-78 所示。按住 Shift 键的同时，单击"文安影像出版社"图层，将"走进摄影世界"和"文安影像出版社"图层之间的所有图层同时选取。按 Ctrl+G 组合键，群组图层并将其命名为"书脊"。摄影书籍封面制作完成，效果如图 13-79 所示。

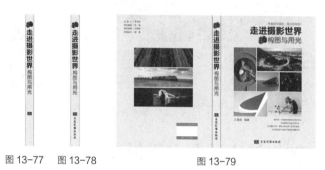

图 13-77　图 13-78　　　　　　　图 13-79

课堂练习 1——制作时尚杂志电子书封面

【练习知识要点】使用"矩形"工具和剪贴蒙版制作人物照片，使用"色相/饱和度"命令调整人物照片，使用"横排文字"工具、"直排文字"工具和"字符"控制面板添加杂志名称、刊期和栏目。最终效果如图 13-80 所示。

【效果所在位置】Ch13/效果/制作时尚杂志电子书封面.psd。

图 13-80

课堂练习 2——制作青少年读物书籍封面

【练习知识要点】使用"新建参考线"命令分割页面，使用"移动"工具添加书籍图片，使用"直排文字"工具、"直线"工具和"椭圆"工具制作书名，使用"横排文字"工具添加其他文字内容。最终效果如图 13-81 所示。

【效果所在位置】Ch13/效果/制作青少年读物书籍封面.psd。

图 13-81

课后习题 1——制作健康美食书籍封面

【习题知识要点】使用"新建参考线"命令添加参考线，使用"矩形"工具和"椭圆"工具制作装饰图形，使用"钢笔"工具和"横排文字"工具制作路径文字，使用图层样式为图片添加投影效果，使用"自定形状"工具绘制基本形状。最终效果如图 13-82 所示。

【效果所在位置】Ch13/效果/制作健康美食书籍封面.psd。

图 13-82

课后习题 2——制作成长日记书籍封面

【习题知识要点】使用"新建参考线"命令添加参考线，使用"钢笔"工具和"描边"命令制作背景底图，使用"横排文字"工具和图层样式制作标题文字，使用"移动"工具添加素材图片，使用"自定形状"工具绘制装饰图形。最终效果如图 13-83 所示。

【效果所在位置】Ch13/效果/制作成长日记书籍封面.psd。

图 13-83

第 14 章
包装设计

包装代表着一个商品的品牌形象。好的包装可以起到美化商品及传递商品信息的作用，更可以极大地提高商品的价值，让商品在同类产品中脱颖而出，吸引消费者的注意力并触发购买行为。本章以多个类别的包装为例，讲解包装的设计方法和制作技巧。

课堂学习目标

- ✔ 了解包装的概念
- ✔ 了解包装的分类
- ✔ 理解包装的设计定位
- ✔ 掌握包装的设计思路
- ✔ 掌握包装的制作方法和技巧

14.1　包装设计概述

　　包装，最主要的功能是保护商品，其次是美化商品和传递信息。要想将包装设计好，除了需要遵循设计的基本原则外，还要着重研究消费者的心理活动，这样的包装设计才能在同类商品中脱颖而出，如图 14-1 所示。

图 14-1

14.1.1　包装的分类

（1）按包装在流通中的作用分类：运输包装和销售包装。

（2）按包装材料分类：纸板、木材、金属、塑料、玻璃和陶瓷、纤维织品、复合材料等包装。

（3）按销售市场分类：内销商品包装和出口商品包装。

（4）按商品种类分类：建材商品包装、农牧水产品商品包装、食品和饮料商品包装、轻工日用品商品包装、纺织品和服装商品包装、化工商品包装、医药商品包装、机电商品包装、电子商品包装等。

14.1.2　包装的设计定位

商品包装设计应遵循"科学、经济、牢固、美观、适销"的原则。包装设计的定位思想要紧紧地联系着包装设计的构思。构思是设计的灵魂，构思的核心在于考虑表现什么和如何表现两个问题。在整理各种要素的基础上选准重点，突出主题，是设计构思的重要原则。

（1）以产品定位：以商品自身的图像为主体形象，也就是商品再现。将商品的照片直接运用在包装设计上，可以直接传递商品的信息，让消费者更容易理解与接受。

（2）以品牌定位：一般主要应用于品牌知名度较高的产品的包装设计中。在设计处理上，以产品标志形象与品牌定性分析为重心。

（3）以消费者定位：以产品的消费人群为导向，主要应用于具有特定消费者的产品的包装设计上。

（4）以差别化定位：针对竞争对手加以较大的差别化定位，以追求自我品牌个性化的设计表现。

（5）以传统定位：追求某种民族性传统感，多用于富有浓郁地方传统特色的产品包装的设计中。也可对某些传统图形加以形或色的改造再应用。

（6）以文案定位：着重于产品有关信息的详尽文案介绍。在处理上，应注意文案编排的风格特征，同时往往配插图以丰富表现形式。

（7）以礼品性定位：着重于华贵或典雅的装饰效果。这类定位一般应用于高档次商品，设计处理有较大的灵活性。

（8）以纪念性定位：着重于针对某种庆典活动、旅游活动、文化体育活动等进行的具有特定纪念性的设计。

（9）以商品档次定位：要防止过度包装，必须做到包装材料与商品价值相称，既要保证商品的品位，又应尽可能降低生产成本。

（10）以商品特殊属性定位：以商品特有的纹样或特有的色彩为主体形象，这类包装的设计要根据商品本身的性质来进行。

14.2　制作冰淇淋包装

14.2.1　案例分析

Candy 是一家冰淇淋公司，旗下品牌包括了悉尼之风、冰雪奇缘、鲜果塔、甜蜜城堡、马卡龙等。主要口味有香草、抹茶、曲奇香奶、芒果、提拉米苏等。公司现推出新款草莓口味冰淇淋，要求为其制作一款独立包装。设计要求包装与产品契合，抓住产品特色。

在设计思路上，通过合理的色彩搭配，突出主题，给人舒适感；草莓酱与冰淇淋球的搭配让人联想到甜蜜细腻的口感，凸显出产品的特色；字体的设计与宣传的主体相呼应，达到宣传的目的；整体设计简洁诱人，易给人好感，产生购买欲望。

本例将使用"椭圆"工具和图层样式制作包装底图,使用"色阶"命令和"色相/饱和度"命令调整冰淇淋,使用"横排文字"工具制作包装信息,使用"移动"工具、"置入嵌入对象"命令和图层样式制作包装展示效果。

14.2.2 案例效果

本案例设计的最终效果参看云盘中的"Ch14/效果/制作冰淇淋包装.psd",如图 14-2 所示。

图 14-2

14.2.3 案例制作

1. 制作包装平面图

(1)按 Ctrl+N 组合键,弹出"新建文档"对话框,设置宽度为 7.5 厘米,高度为 7.5 厘米,分辨率为 300 像素/英寸,颜色模式为 RGB,背景内容为白色。单击"创建"按钮,新建文件。

(2)选择"椭圆"工具 ○,在属性栏的"选择工具模式"选项中选择"形状",将"填充"颜色设为橘黄色(254、191、17),"描边"颜色设为无。按住 Shift 键的同时,在图像窗口中绘制圆形,效果如图 14-3 所示。在"图层"控制面板中生成新的形状图层"椭圆 1"。

(3)按 Ctrl+J 组合键,复制"椭圆 1"图层,生成新的图层"椭圆 1 拷贝"。按 Ctrl+T 组合键,在圆形周围出现变换框。按住 Alt+Shift 组合键的同时,向内拖曳右上角的控制手柄,等比例缩小圆形,如图 14-4 所示。按 Enter 键确认操作,效果如图 14-5 所示。

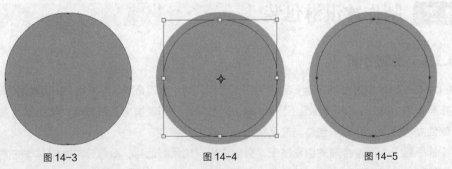

图 14-3   图 14-4   图 14-5

(4)单击"图层"控制面板下方的"添加图层样式"按钮 fx,在弹出的菜单中选择"投影"命令,在弹出的对话框中进行设置,如图 14-6 所示。单击"确定"按钮,效果如图 14-7 所示。

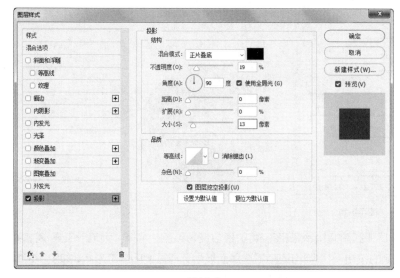

图 14-6

图 14-7

（5）按 Ctrl+O 组合键，打开本书云盘中的"Ch14 > 素材 > 制作冰淇淋包装 > 01"文件。选择"移动"工具 ⊕，将图片拖曳到新建图像窗口中适当的位置，效果如图 14-8 所示。在"图层"控制面板中生成新的图层，将其命名为"冰淇淋"。

（6）单击"图层"控制面板下方的"创建新的填充或调整图层"按钮 ⊙，在弹出的菜单中选择"色阶"命令，在"图层"控制面板中生成"色阶 1"图层，同时弹出相应的"属性"控制面板。单击"此调整影响下面的所有图层"按钮 ↴ 使其显示为"此调整剪切到此图层"按钮 ↴，其他选项的设置如图 14-9 所示。按 Enter 键确认操作，图像效果如图 14-10 所示。

图 14-8

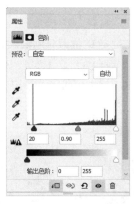

图 14-9

图 14-10

（7）单击"图层"控制面板下方的"创建新的填充或调整图层"按钮 ⊙，在弹出的菜单中选择"色相/饱和度"命令，在"图层"控制面板中生成"色相/饱和度 1"图层，同时弹出相应的"属性"控制面板。单击"此调整影响下面的所有图层"按钮 ↴ 使其显示为"此调整剪切到此图层"按钮 ↴，其他选项的设置如图 14-11 所示。按 Enter 键确认操作，图像效果如图 14-12 所示。

图 14-11   图 14-12

（8）选中"色相/饱和度 1"图层的蒙版缩览图。将前景色设为黑色。选择"画笔"工具 ，在属性栏中单击"画笔"选项右侧的按钮 ，在弹出的画笔选择面板中选择需要的画笔形状，如图 14-13 所示。在图像窗口中的草莓处进行涂抹擦除不需要的颜色，效果如图 14-14 所示。

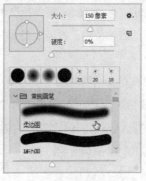

图 14-13   图 14-14

（9）选择"横排文字"工具 T，在适当的位置分别输入需要的文字并选取文字，在属性栏中分别选择合适的字体并设置大小，设置文本颜色为红色（244、32、0），效果如图 14-15 所示。在"图层"控制面板中生成新的文字图层。选取下方的英文文字，设置文本颜色为咖啡色（193、101、42），效果如图 14-16 所示。

图 14-15   图 14-16

（10）选择"横排文字"工具 T，在适当的位置分别输入需要的文字并选取文字，在属性栏中分别选择合适的字体并设置大小，按 Alt++← 组合键，适当调整文字的间距，设置文本颜色为棕色（81、

50、30），效果如图 14-17 所示。在"图层"控制面板中分别生成新的文字图层。

（11）选择"横排文字"工具 T，在适当的位置输入需要的文字并选取文字，在属性栏中选择合适的字体并设置大小，单击"居中对齐文本"按钮 ，效果如图 14-18 所示。在"图层"控制面板中生成新的文字图层。

（12）按 Ctrl+O 组合键，打开本书云盘中的"Ch14 > 素材 > 制作冰淇淋包装 > 02"文件。选择"移动"工具 ，将图片拖曳到新建图像窗口中适当的位置，效果如图 14-19 所示。在"图层"控制面板中生成新的图层，将其命名为"标志"。

图 14-17   图 14-18   图 14-19

（13）单击"背景"图层左侧的眼睛图标 ，将"背景"图层隐藏，如图 14-20 所示，图像效果如图 14-21 所示。选择"文件 > 存储为"命令，弹出"另存为"对话框，将其命名为"冰淇淋包装平面图"，保存为 PNG 格式。单击"保存"按钮，弹出"PNG 格式选项"对话框，单击"确定"按钮，导出为 PNG 格式。

图 14-20   图 14-21

2. 制作包装展示效果

（1）按 Ctrl+N 组合键，弹出"新建文档"对话框，设置宽度为 20 厘米，高度为 16 厘米，分辨率为 150 像素/英寸，颜色模式为 RGB，背景内容为紫色（198、174、208）。单击"创建"按钮，新建文件。

（2）按 Ctrl+O 组合键，打开本书云盘中的"Ch14 > 素材 > 制作冰淇淋包装 > 03、04"文件，选择"移动"工具 ，分别将图片拖曳到新建图像窗口中适当的位置，效果如图 14-22 所示。在"图层"控制面板中生成新的图层，将它们分别命名为"芝麻"和"叶子"，如图 14-23 所示。

扫 码 观 看
本案例视频

图 14-22　　　　　　　　　　　图 14-23

（3）单击"图层"控制面板下方的"添加图层样式"按钮 fx，在弹出的菜单中选择"投影"命令，在弹出的对话框中进行设置，如图 14-24 所示。单击"确定"按钮，效果如图 14-25 所示。

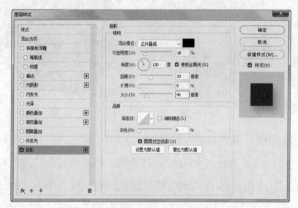

图 14-24　　　　　　　　　　　图 14-25

（4）单击"图层"控制面板下方的"创建新的填充或调整图层"按钮 ，在弹出的菜单中选择"自然饱和度"命令，在"图层"控制面板中生成"自然饱和度 1"图层，同时弹出相应的"属性"控制面板。单击"此调整影响下面的所有图层"按钮 使其显示为"此调整剪切到此图层"按钮 ，其他选项的设置如图 14-26 所示。按 Enter 键确认操作，图像效果如图 14-27 所示。

（5）按 Ctrl+O 组合键，打开本书云盘中的"Ch14 > 素材 > 制作冰淇淋包装 > 05"文件。选择"移动"工具 ，将图片拖曳到新建图像窗口中适当的位置，效果如图 14-28 所示。在"图层"控制面板中生成新的图层并将其命名为"盒子"。

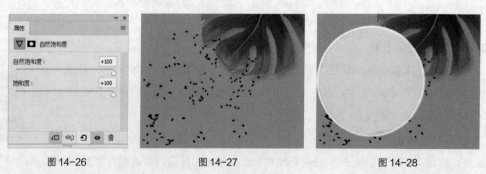

图 14-26　　　　　　　　图 14-27　　　　　　　　图 14-28

（6）单击"图层"控制面板下方的"添加图层样式"按钮 fx，在弹出的菜单中选择"投影"命令，在弹出的对话框中进行设置，如图 14-29 所示。单击"确定"按钮，效果如图 14-30 所示。

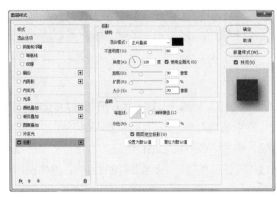

图 14-29　　　　　　　　　　　　　　图 14-30

（7）选择"文件 > 置入嵌入对象"命令，弹出"置入嵌入的对象"对话框。选择本书云盘中的"Ch14 > 效果 > 制作冰淇淋包装 > 冰淇淋包装平面图.png"文件，单击"置入"按钮，置入图片。将其拖曳到适当的位置，并调整其大小。按 Enter 键确认操作，效果如图 14-31 所示。在"图层"控制面板中生成新的图层，将其命名为"冰淇淋包装"。

（8）按 Ctrl+O 组合键，打开本书云盘中的"Ch14 > 素材 > 制作冰淇淋包装 > 06"文件。选择"移动"工具 ，将图片拖曳到新建图像窗口中适当的位置，效果如图 14-32 所示。在"图层"控制面板中生成新的图层，将其命名为"草莓"。

图 14-31　　　　　　　　　　图 14-32

（9）单击"图层"控制面板下方的"添加图层样式"按钮 ，在弹出的菜单中选择"投影"命令，在弹出的对话框中进行设置，如图 14-33 所示。单击"确定"按钮，效果如图 14-34 所示。冰淇淋包装制作完成。

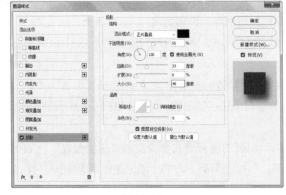

图 14-33　　　　　　　　　　　　　图 14-34

14.3 制作洗发水包装

14.3.1 案例分析

BINGLING 是一家生产和经营美发护理产品的公司，一直以引领美发养护领域为己任。现要求为公司最新生产的一款洗发水制作产品包装，设计要求包装与产品契合，抓住产品特色。

在设计思路上，通过白色和蓝色的色彩搭配，给人洁净清爽之感；喷溅的水花与产品形成动静结合的画面，凸显出产品的特色；字体的设计与宣传的主体相呼应，达到宣传的目的；整体设计清新自然，易让人产生购买欲望。

本例将使用"移动"工具添加素材图片，使用图层蒙版、"渐变"工具和"画笔"工具制作背景效果，使用"矩形"工具、"自由变换"命令、"椭圆"工具和剪贴蒙版制作装饰图形，使用"自由变换"命令、图层蒙版和"渐变"工具制作洗发水投影，使用"色相/饱和度"命令和"画笔"工具调整洗发水颜色，使用"横排文字"工具、"字符"控制面板、"圆角矩形"工具和图层样式添加宣传文字。

14.3.2 案例效果

本案例设计的最终效果参看云盘中的"Ch14/效果/制作洗发水包装.psd"，如图 14-35 所示。

图 14-35

14.3.3 案例制作

1. 制作背景效果

（1）按 Ctrl+N 组合键，弹出"新建文档"对话框，设置宽度为 18.5 厘米，高度为 10.0 厘米，分辨率为 100 像素/英寸，颜色模式为 RGB，背景内容为浅蓝色（132、203、225）。单击"创建"按钮，新建文件。

（2）按 Ctrl + O 组合键，打开本书云盘中的"Ch14 > 素材 > 制作洗发水包装 > 01"文件。选择"移动"工具 ✛，将图片拖曳到新建图像窗口中适当的位置，效果如图 14-36 所示。在"图层"控制面板中生成新图层，将其命名为"山"。

（3）在"图层"控制面板上方，将"山"图层的混合模式选项设为"正片叠底"，如图 14-37 所示，图像效果如图 14-38 所示。单击"图层"控制面板下方的"添加图层蒙版"按钮 ▣，为"山"图层添加图层蒙版，如图 14-39 所示。

图 14-36

图 14-37

图 14-38

图 14-39

（4）选择"渐变"工具 ，单击属性栏中的"点按可编辑渐变"按钮 ，弹出"渐变编辑器"对话框，将渐变色设为从黑色到白色，单击"确定"按钮。在图像窗口中由下至上拖曳渐变色，释放鼠标，效果如图 14-40 所示。

（5）按 Ctrl＋O 组合键，打开本书云盘中的"Ch14 ＞ 素材 ＞ 制作洗发水包装 ＞ 02"文件。选择"移动"工具 ，将图片拖曳到图像窗口中适当的位置，效果如图 14-41 所示。在"图层"控制面板中生成新图层，将其命名为"人物"。

图 14-40

图 14-41

（6）在"图层"控制面板上方，将"人物"图层的混合模式选项设为"柔光"，"不透明度"选项设为 50%，如图 14-42 所示。按 Enter 键确认操作，图像效果如图 14-43 所示。

图 14-42

图 14-43

（7）单击"图层"控制面板下方的"添加图层蒙版"按钮■，为"人物"图层添加图层蒙版，如图 14-44 所示。将前景色设为黑色。选择"画笔"工具 ✐，在属性栏中单击"画笔"选项右侧的按钮✓，在弹出的画笔选择面板中选择需要的画笔形状，如图 14-45 所示。在图像窗口中拖曳鼠标擦除不需要的图像，效果如图 14-46 所示。

图 14-44   图 14-45   图 14-46

（8）选择"椭圆"工具 ○，在属性栏的"选择工具模式"选项中选择"形状"，将"填充"颜色设为浅蓝色（132、203、225），"描边"颜色设为无。按住 Shift 键的同时，在图像窗口中绘制一个圆形，效果如图 14-47 所示。在"图层"控制面板中生成新的形状图层"椭圆 1"。

（9）选择"矩形"工具 □，在属性栏中将"填充"颜色设为咖啡色（185、130、92），"描边"颜色设为无，在图像窗口中绘制一个矩形，效果如图 14-48 所示。在"图层"控制面板中生成新的形状图层，将其命名为"线条"。

图 14-47   图 14-48

（10）按 Ctrl+T 组合键，在图像周围出现变换框。将鼠标指针放在变换框的控制手柄外边，指针变为旋转图标↰↴，拖曳鼠标将图像旋转到适当的角度。按 Enter 键确认操作，效果如图 14-49 所示。选择"路径选择"工具 ▶，将矩形拖曳到适当的位置，如图 14-50 所示。

（11）按 Alt+Ctrl+T 组合键，在矩形周围出现变换框。按住 Shift 键的同时，将其拖曳到适当的位置。按 Enter 键确认操作，效果如图 14-51 所示。连续按 Alt+Shift+Ctrl+T 组合键，复制多个矩形，效果如图 14-52 所示。

图 14-49   图 14-50

图 14-51

图 14-52

（12）按 Alt+Ctrl+G 组合键，创建剪贴蒙版，效果如图 14-53 所示。在"图层"控制面板上方，将"线条"图层的"不透明度"选项设为 60%，如图 14-54 所示。按 Enter 键确认操作，图像效果如图 14-55 所示。

（13）选择"椭圆"工具 ◯，在图像窗口中绘制一个椭圆形。在属性栏中将"填充"颜色设为蓝绿色（39、132、160），"描边"颜色设为无，效果如图 14-56 所示。在"图层"控制面板中生成新的形状图层"椭圆 2"。

图 14-53

图 14-54

图 14-55

图 14-56

2. 制作洗发水

（1）新建图层组并将其命名为"洗发水"。按 Ctrl + O 组合键，打开本书云盘中的"Ch14 > 素材 > 制作洗发水包装 > 03"文件。选择"移动"工具 ⊕，将图片拖曳到新建图像窗口中适当的位置，效果如图 14-57 所示。在"图层"控制面板中生成新图层并将其命名为"洗发水"。

扫 码 观 看
本案例视频

（2）按 Alt+Ctrl+T 组合键，在图像周围出现变换框。按住 Shift 键的同时，垂直向下拖曳图形到适当的位置，复制图形。在变换框中单击鼠标右键，在弹出的菜单中选择"垂直翻转"命令，垂直翻转图像。按 Enter 键确认操作，效果如图 14-58 所示，在"图层"控制面板中生成新图层"洗发水 拷贝"。将"洗发水 拷贝"图层拖曳到"洗发水"图层的下方。

图 14-57 图 14-58

（3）单击"图层"控制面板下方的"添加图层蒙版"按钮 ，为复制的图层添加图层蒙版。选择"渐变"工具 ▣，在图像窗口中由下至上拖曳渐变色，释放鼠标，效果如图 14-59 所示。按住 Shift 键的同时，将"洗发水"和"洗发水 拷贝"图层同时选取。选择"移动"工具 ⊕，按住 Alt 键的同时，在图像窗口中将图像拖曳到适当的位置，复制图像并调整其大小，效果如图 14-60 所示。在"图层"控制面板中生成新的图层"洗发水 拷贝 2"和"洗发水 拷贝 3"。

图 14-59 图 14-60

（4）保持"洗发水 拷贝 2"和"洗发水 拷贝 3"图层的选取状态，将其拖曳到"洗发水 拷贝"图层的下方，如图 14-61 所示。按住 Alt 键的同时，在图像窗口中将图像拖曳到适当的位置，复制图像，效果如图 14-62 所示。在"图层"控制面板中生成新的图层"洗发水 拷贝 4"和"洗发水 拷贝 5"。单击"洗发水"图层组左侧的箭头图标 ˅，将"洗发水"图层组中的图层隐藏。

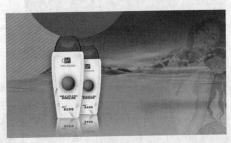

图 14-61 图 14-62

（5）单击"图层"控制面板下方的"创建新的填充或调整图层"按钮 ◉，在弹出的菜单中选择"色相/饱和度"命令，在"图层"控制面板中生成"色相/饱和度 1"图层，同时弹出相应的"属性"控制面板。单击"此调整影响下面的所有图层"按钮 ⬓ 使其显示为"此调整剪切到此图层"按钮 ⬓，其他选项的设置如图 14-63 所示。按 Enter 键确认操作，图像效果如图 14-64 所示。

图 14-63   图 14-64

（6）选择"画笔"工具 ✐，在属性栏中单击"画笔"选项右侧的按钮 ✓，在弹出的画笔选择面板中选择需要的画笔形状，设置如图 14-65 所示。在图像窗口中拖曳鼠标擦除不需要的图像，效果如图 14-66 所示。

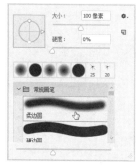

图 14-65   图 14-66

（7）按 Ctrl+O 组合键，打开本书云盘中的"Ch14 > 素材 > 制作洗发水包装 > 04、05、06"文件。选择"移动"工具 ✛，将图片分别拖曳到新建图像窗口中适当的位置，效果如图 14-67 所示。在"图层"控制面板中生成新图层，将它们分别命名为"水珠""树叶"和"水滴"。

（8）按住 Shift 键的同时，单击"树叶"图层，将"水珠"和"树叶"图层同时选取。将其拖曳到"洗发水"图层组的下方，效果如图 14-68 所示。

图 14-67   图 14-68

3. 添加宣传文字

（1）选择"水滴"图层。新建图层组并将其命名为"文字"。选择"横排文字"工具 **T**，在适当的位置分别输入需要的文字并选取文字，在属性栏中分别选择合适的字体并设置大小，设置文本颜色为白色，效果如图 14-69 所示。在"图层"控制面板中生成新的文字图层。

（2）选择"垂直柔顺"文字图层。单击"图层"控制面板下方的"添加图层样式"按钮 fx ，在弹出的菜单中选择"描边"命令，弹出对话框，将描边颜色设为深蓝色（9、110、141），其他选项的设置如图 14-70 所示。选择"投影"选项，切换到相应的对话框，选项的设置如图 14-71 所示。单击"确定"按钮，效果如图 14-72 所示。

图 14-69

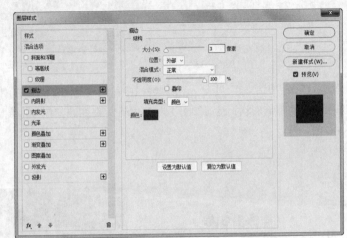

图 14-70

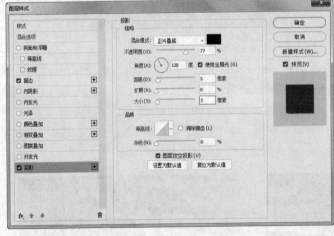

图 14-71

图 14-72

（3）选取文字"BINGLING"。按 Ctrl+T 组合键，弹出"字符"控制面板，单击"仿斜体"按钮 I ，倾斜文字，其他选项的设置如图 14-73 所示。按 Enter 键确认操作，效果如图 14-74 所示。

图 14-73　　　　　　　　　　　图 14-74

（4）选择"圆角矩形"工具 ，在属性栏中将"半径"项设为 20px，在属性栏中将"填充"颜色设为蓝色（3、53、184）。在图像窗口中绘制一个圆角矩形，如图 14-75 所示。在"图层"控制面板中生成新的形状图层"圆角矩形 1"。

（5）单击"图层"控制面板下方的"添加图层样式"按钮 ，在弹出的菜单中选择"描边"命令，弹出对话框，将描边颜色设为白色，其他选项的设置如图 14-76 所示。选择"内阴影"选项，切换到相应的对话框，选项的设置如图 14-77 所示。单击"确定"按钮，效果如图 14-78 所示。

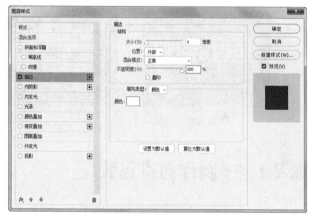

图 14-75　　　　　　　　　　图 14-76

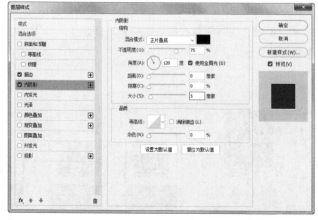

图 14-77　　　　　　　　　　图 14-78

（6）在"图层"控制面板中，将"圆角矩形 1"图层拖曳到"BINGLING"文字图层的下方，效果如图 14-79 所示。按住 Shift 键的同时，单击"BINGLING"图层，将"BINGLING"和"圆角矩形 1"图层同时选取。选择"移动"工具 ✛，单击属性栏中的"水平居中对齐"按钮 ♣ 和"垂直居中对齐"按钮 ♣，对齐文字和图形，效果如图 14-80 所示。

图 14-79　　　　　　　　　　　　　　　　图 14-80

（7）选择"横排文字"工具 T，在适当的位置拖曳文本框输入需要的文字并选取文字，在属性栏中选择合适的字体并设置大小，按 Alt+↓ 组合键，设置适当的行距，效果如图 14-81 所示。在"图层"控制面板中生成新的文字图层。洗发水包装制作完成，效果如图 14-82 所示。

图 14-81　　　　　　　　　　　　　　　　图 14-82

课堂练习1——制作曲奇包装

【练习知识要点】使用"矩形"工具、"曲线"命令和"色相/饱和度"命令制作包装正面图片，使用"横排文字"工具、图层样式、"钢笔"工具和"椭圆"工具制作包装信息，使用"移动"工具、"阈值"命令和"渐变映射"命令制作风景图片，使用"变换"命令制作立体包装，使用"亮度/对比度"命令调整侧面图片，使用图层蒙版和"渐变"工具制作投影。最终效果如图 14-83 所示。

【效果所在位置】Ch14/效果/制作曲奇包装.psd。

图 14-83

课堂练习2——制作零食包装

【练习知识要点】使用"渐变"工具和图层蒙版制作背景，使用"钢笔"工具制作包装底图，使用"移动"工具、剪贴蒙版和"横排文字"工具添加主体图形和相关信息，使用"自定形状"工具绘制装饰图形，使用"钢笔"工具、"渐变"工具和混合模式制作包装袋高光和阴影，使用"路径"控制面板和图层样式制作包装封口线。最终效果如图 14-84 所示。

【效果所在位置】Ch14/效果/制作零食包装.psd。

图 14-84

课后习题1——制作饮料包装

【习题知识要点】使用"横排文字"工具、"字符"控制面板和"文字变形"命令制作包装文字，使用"自定形状"工具添加装饰图形，使用"渲染"滤镜命令制作背景光照效果，使用"扭曲"滤镜命令制作包装变形，使用"矩形选框"工具、"羽化"命令和"曲线"命令制作包装的明暗变化，使用"椭圆"工具、"钢笔"工具、"填充"命令和"羽化"命令制作阴影，使用图层蒙版和"画笔"工具制作图片融合。最终效果如图 14-85 所示。

【效果所在位置】Ch14/效果/制作饮料包装.psd。

图 14-85

课后习题 2——制作红酒包装

【习题知识要点】使用图层蒙版和图层样式制作酒桶、酒杯和葡萄，使用图层样式制作宣传文字，使用"钢笔"工具绘制酒瓶形状，使用"画笔"工具添加高光和阴影。最终效果如图 14-86 所示。

【效果所在位置】Ch14/效果/制作红酒包装.psd。

图 14-86

第15章
网页设计

一个优秀的网站，必定有着独具特色的网页设计，更能吸引浏览者的目光。优秀的网页设计者会根据网站的特殊性，对页面进行精心的设计和编排。本章以多个类型的网页为例，讲解网页的设计方法和制作技巧。

课堂学习目标

- ✔ 了解网页设计的概念
- ✔ 了解网页的构成元素
- ✔ 了解网页的分类
- ✔ 掌握网页的设计思路
- ✔ 掌握网页设计的表现手法
- ✔ 掌握网页的制作技巧

15.1 网页设计概述

网页是构成网站的基本元素，是承载各种网站应用的平台。它实际上是一个文件，存放在世界某个角落的某一台计算机或服务器中。网页是通过统一资源定位符（URL）来识别与存取的。当用户在浏览器输入网址后，计算机会运行一段复杂而又快速的程序，网页文件随之被传送到用户的计算机，然后浏览器会解释网页的内容，最后将其展示到用户的眼前。

15.1.1 网页的构成元素

文字与图片是构成一个网页的两个最基本元素。除此之外，网页的构成元素还包括动画、音乐、程序等。

15.1.2 网页的分类

网页有多种分类，笼统意义上的分类是动态和静态的页面，如图 15-1 所示。

图 15-1

静态页面多通过网站设计软件来进行设计和更改,相对比较滞后。现在也有一些网站管理系统可以生成静态页面,这种静态页面俗称为"伪静态"。

动态页面是通过网页脚本与语言进行自动处理、自动更新的页面,比如贴吧(通过网站服务器运行程序,自动处理信息,按照流程更新网页)。

15.2 制作家具网站首页

15.2.1 案例分析

艾利佳家居是一家具有设计感的现代家具公司,秉承北欧简约风格,传递"零压力"的生活理念,重点打造简约、时尚、现代的家居风格。现公司为拓展业务、扩大规模,需要开发线上购物平台,首先要设计一款网站首页。设计要符合产品的宣传主题,能体现出平台的特点。

在设计思路上,通过简约的页面设计,给人直观的印象,易于阅读;产品的展示主次分明,让人一目了然,促进销售;颜色的运用合理,给人品质感;整体设计清新自然,易给人好感,让人产生购买欲望。

本例将使用"移动"工具添加素材图片,使用"横排文字"工具、"字符"控制面板、"矩形"工具和"椭圆"工具制作 Banner 和导航条,使用"直线"工具、图层样式、"矩形"工具和"横排文字"工具制作网页内容和底部信息。

15.2.2 案例效果

本案例设计的最终效果参看云盘中的"Ch15/效果/制作家具网站首页.psd",如图 15-2 所示。

图 15-2

15.2.3 案例制作

1. 制作 Banner 和导航条

（1）按 Ctrl+N 组合键，弹出"新建文档"对话框，设置宽度为 1920 像素，高度为 3174 像素，分辨率为 72 像素/英寸，颜色模式为 RGB，背景内容为白色。单击"创建"按钮，新建文件。

扫 码 观 看
本案例视频

（2）单击"图层"控制面板下方的"创建新组"按钮 □，生成新的图层组并将其命名为"Banner"。选择"矩形"工具 □，在属性栏的"选择工具模式"选项中选择"形状"，将"填充"颜色设为灰色（235、235、235），"描边"颜色设为无，在图像窗口中绘制一个矩形，效果如图 15-3 所示。在"图层"控制面板中生成新的形状图层"矩形 1"。

（3）按 Ctrl+O 组合键，打开本书云盘中的"Ch15 > 素材 > 制作家具网站首页 > 01"文件。选择"移动"工具 ⊕，将图片拖曳到新建图像窗口中适当的位置，效果如图 15-4 所示。在"图层"控制面板中生成新的图层，将其命名为"窗户"。按 Alt+Ctrl+G 组合键，创建剪贴蒙版，图像效果如图 15-5 所示。

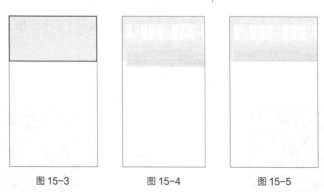

图 15-3　　　　　　图 15-4　　　　　　图 15-5

（4）选择"矩形"工具 □，在属性栏中将"填充"颜色设为咖啡色（76、50、33），"描边"颜色设为无，在图像窗口中绘制一个矩形，效果如图 15-6 所示。在"图层"控制面板中生成新的形状图层"矩形 2"。

（5）按 Ctrl+O 组合键，打开本书云盘中的"Ch15 > 素材 > 制作家具网站首页 > 02、03"文件。选择"移动"工具 🕂，分别将图片拖曳到新建图像窗口中适当的位置，效果如图 15-7 所示。在"图层"控制面板中生成新的图层，将它们分别命名为"书架"和"沙发"。

图 15-6 图 15-7

（6）选择"横排文字"工具 T.，在适当的位置分别输入需要的文字并选取文字，在属性栏中分别选择合适的字体并设置大小，设置文本颜色为白色，效果如图 15-8 所示。在"图层"控制面板中生成新的文字图层。

（7）选择"矩形"工具 🔲，在属性栏中将"填充"颜色设为无，"描边"颜色设为白色，"描边宽度"项设为 2 像素，在图像窗口中绘制一个矩形，效果如图 15-9 所示。在"图层"控制面板中生成新的形状图层，将其命名"白色框"。

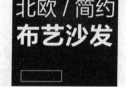

图 15-8 图 15-9

（8）选择"横排文字"工具 T.，在适当的位置输入需要的文字并选取文字，在属性栏中选择合适的字体并设置大小，效果如图 15-10 所示。在"图层"控制面板中生成新的文字图层。

（9）选取文字"立即购买"。按 Ctrl+T 组合键，弹出"字符"控制面板，将"设置所选字符的字距调整"选项 VA 0 设置为 75，其他选项的设置如图 15-11 所示。按 Enter 键确认操作，效果如图 15-12 所示。

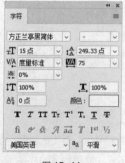

图 15-10 图 15-11 图 15-12

（10）选择"椭圆"工具 ◯，在属性栏中将"填充"颜色设为白色，"描边"颜色设为无。按住

Shift 键的同时，在图像窗口中绘制一个圆形，效果如图 15-13 所示。在"图层"控制面板中生成新的形状图层"椭圆 1"。

（11）按 Ctrl+J 组合键，复制"椭圆 1"图层，生成新的图层"椭圆 1 拷贝"。选择"路径选择"工具 ▶，按住 Shift 键的同时，水平向右拖曳圆形到适当的位置，复制图形。在属性栏中将"填充"颜色设为无，"描边"颜色设为白色，"描边宽度"项设为 2 像素，效果如图 15-14 所示。

（12）按 Ctrl+J 组合键，复制"椭圆 1 拷贝"图层，生成新的图层"椭圆 1 拷贝 2"。选择"路径选择"工具 ▶，按住 Shift 键的同时，水平向右拖曳圆形到适当的位置，复制图形，效果如图 15-15 所示。单击"Banner"图层组左侧的箭头图标 ∨，将"Banner"图层组中的图层隐藏。

| 图 15-13 | 图 15-14 | 图 15-15 |

（13）单击"图层"控制面板下方的"创建新组"按钮 ▢，生成新的图层组并将其命名为"导航"。选择"横排文字"工具 T，在适当的位置分别输入需要的文字并选取文字，在属性栏中分别选择合适的字体并设置大小，效果如图 15-16 所示。在"图层"控制面板中生成新的文字图层。

（14）选择"横排文字"工具 T，在适当的位置输入需要的文字并选取文字，在属性栏中选择合适的字体并设置大小，设置文本颜色为黑色，效果如图 15-17 所示。在"图层"控制面板中生成新的文字图层。单击"导航"图层组左侧的箭头图标 ∨，将"导航"图层组中的图层隐藏。

| 图 15-16 | 图 15-17 |

2. 制作网页内容

（1）单击"图层"控制面板下方的"创建新组"按钮 ▢，生成新的图层组并将其命名为"内容 1"。选择"横排文字"工具 T，在适当的位置输入需要的文字并选取文字，设置文本颜色为深灰色（33、33、33），在属性栏中选择合适的字体并设置大小，效果如图 15-18 所示。在"图层"控制面板中生成新的文字图层。

扫 码 观 看
本案例视频

（2）选择"直线"工具 ╱，在属性栏中将"描边"颜色设为洋红色（255、124、124），"描边宽度"项设为 4 像素。按住 Shift 键的同时，在图像窗口中绘制一条直线，效果如图 15-19 所示。

在"图层"控制面板中生成新的形状图层"形状 1"。

图 15-18   图 15-19

（3）新建"组 1"图层组。选择"矩形"工具 ▢，在属性栏中将"填充"颜色设为洋红色（255、124、124），"描边"颜色设为无。在图像窗口中绘制一个矩形，效果如图 15-20 所示。在"图层"控制面板中生成新的形状图层"矩形 3"。

（4）单击"图层"控制面板下方的"添加图层样式"按钮 *fx*，在弹出的菜单中选择"渐变叠加"命令，弹出对话框。单击"点按可编辑渐变"按钮 ▬▬▬ ，弹出"渐变编辑器"对话框。将渐变颜色设为从棕色（142、101、71）到浅棕色（175、138、112），如图 15-21 所示。单击"确定"按钮，返回到"图层样式"对话框，设置如图 15-22 所示。单击"确定"按钮，效果如图 15-23 所示。

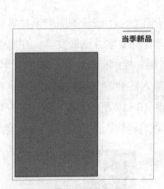

图 15-20

图 15-21

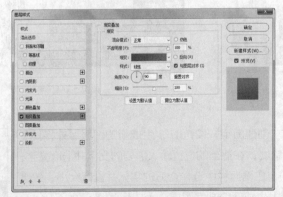

图 15-22

图 15-23

（5）按 Ctrl+O 组合键，打开本书云盘中的"Ch15 > 素材 > 制作家具网站首页 > 04"文件。选择"移动"工具 ⊕，将图片拖曳到新建图像窗口中适当的位置，效果如图 15-24 所示。在"图层"

控制面板中生成新的图层,将其命名为"单人椅"。

(6)选择"横排文字"工具 **T.**,在适当的位置分别输入需要的文字并选取文字,在属性栏中分别选择合适的字体并设置大小,设置文本颜色为白色,效果如图 15-25 所示。在"图层"控制面板中生成新的文字图层。

图 15-24   图 15-25

(7)选择"矩形"工具 ▢,在属性栏中将"填充"颜色设为白色,"描边"颜色设为无,在图像窗口中绘制一个矩形,效果如图 15-26 所示。在"图层"控制面板中生成新的形状图层"矩形 4"。

(8)选择"横排文字"工具 **T.**,在适当的位置输入需要的文字并选取文字,在属性栏中选择合适的字体并设置大小,设置文本颜色为深灰色(33、33、33),效果如图 15-27 所示。在"图层"控制面板中生成新的文字图层。

图 15-26   图 15-27

(9)单击"组 1"图层组左侧的箭头图标 ⌄,将"组 1"图层组中的图层隐藏。使用相同的方法打开"05~12"素材图片,制作图 15-28 所示的效果。

图 15-28

3. 制作底部信息

（1）单击"图层"控制面板下方的"创建新组"按钮 🗀，生成新的图层组并将其命名为"底部"。选择"矩形"工具 □，在属性栏中将"填充"颜色设为棕色（160、139、120），"描边"颜色设为无，在图像窗口中绘制一个矩形，效果如图 15-29 所示。在"图层"控制面板中生成新的形状图层"矩形 7"。

（2）按 Ctrl+O 组合键，打开本书云盘中的"Ch15 > 素材 > 制作家具网站首页 > 13"文件。选择"移动"工具 ⊕，将图片拖曳到新建图像窗口中适当的位置，效果如图 15-30 所示。在"图层"控制面板中生成新的图层并将其命名为"座椅"。

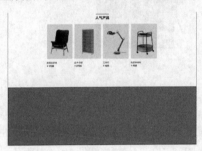

图 15-29

图 15-30

（3）选择"横排文字"工具 T.，在适当的位置输入需要的文字并选取文字，在属性栏中选择合适的字体并设置大小，设置文本颜色为深棕色（67、46、31），效果如图 15-31 所示。在"图层"控制面板中生成新的文字图层。

图 15-31

（4）选择"直线"工具 ╱.，将"填充"颜色设为深棕色（67、46、31），"描边宽度"项设为4 像素。按住 Shift 键的同时，在图像窗口中绘制一条直线，效果如图 15-32 所示。在"图层"控制面板中生成新的形状图层"形状 2"。

（5）选择"横排文字"工具 T.，在适当的位置输入需要的文字并选取文字，在属性栏中选择合适的字体并设置大小，设置文本颜色为深棕色（67、46、31），效果如图 15-33 所示。在"图层"控制面板中生成新的文字图层。

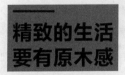

图 15-32

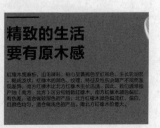

图 15-33

（6）选取段落文字。在"字符"控制面板，将"设置行距"选项 设置为 16 点，将"设置所选字符的字距调整"选项 设置为 5，其他选项的设置如图 15-34 所示。按 Enter 键确认操作，效果如图 15-35 所示。

（7）单击"底部"图层组左侧的箭头图标，将"底部"图层组中的图层隐藏。家具网站首页制作完成，效果如图 15-36 所示。

图 15-34

图 15-35

图 15-36

15.3　制作汽车网站首页

15.3.1　案例分析

微汽车是一家集研发、生产销售、服务于一体的综合型汽修企业，其专业水准得到了众多客户的一致好评。公司现阶段需要为现有的产品设计一款销售首页，要求使用简洁的形式表达出产品特点，使人具有购买的欲望。

在设计思路上，通过使用简洁的背景，突出产品，醒目直观；展示主产品的同时，推送相关的其他产品，促进销售；整体设计风格简约，颜色的运用搭配合理，给人品质感。

本例将使用"矩形"工具、图层样式和"图层"控制面板制作背景效果，使用"椭圆"工具、图层样式和"扩展"命令制作主体图片，使用"自定形状"工具绘制标志图形，使用"圆角矩形"工具、图层样式和"横排文字"工具添加相关信息。

15.3.2　案例效果

本案例设计的最终效果参看云盘中的"Ch15/效果/制作汽车网站首页.psd"，如图 15-37 所示。

图 15-37

15.3.3 案例制作

1. 制作背景效果

（1）按 Ctrl+N 组合键，弹出"新建文档"对话框，设置宽度为 1100 像素，高度为 786 像素，分辨率为 72 像素/英寸，颜色模式为 RGB，背景内容为白色。单击"创建"按钮，新建文件。

扫码观看
本案例视频

（2）新建图层并将其命名为"绿色块"。将前景色设为绿色（194、215、50）。选择"矩形"工具 □，在属性栏的"选择工具模式"选项中选择"像素"，在图像窗口中的适当位置拖曳鼠标绘制图形，效果如图 15-38 所示。

（3）按 Ctrl+T 组合键，在图像周围出现变换框。将鼠标指针放在变换框的控制手柄右上角，指针变为旋转图标 ↰，拖曳鼠标将图形旋转到适当的角度。按 Enter 键确认操作，效果如图 15-39 所示。

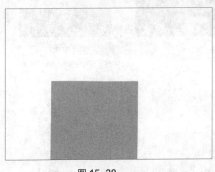

图 15-38

图 15-39

（4）单击"图层"控制面板下方的"添加图层样式"按钮 fx，在弹出的菜单中选择"描边"命令，弹出对话框，将描边颜色设为白色，其他选项的设置如图 15-40 所示。单击"确定"按钮，效果如图 15-41 所示。

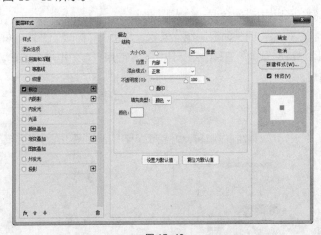

图 15-40

图 15-41

（5）在"图层"控制面板上方，将"绿色块"图层的"填充"选项设为 26%，如图 15-42 所示。按 Enter 键确认操作，效果如图 15-43 所示。

图 15-42　　　　　　　　　　　　　图 15-43

（6）使用相同的方法制作其他色块，效果如图 15-44 所示。按 Ctrl＋O 组合键，打开本书云盘中的"Ch15 ＞ 素材 ＞ 制作汽车网站首页 ＞ 01"文件。选择"移动"工具 ⊕，将图片拖曳到图像窗口中适当的位置，效果如图 15-45 所示。在"图层"控制面板中生成新的图层，将其命名为"汽车"。

图 15-44　　　　　　　　　　　　　图 15-45

（7）新建图层并将其命名为"渐变条"。选择"矩形选框"工具 ⬚，在图像窗口中拖曳鼠标绘制选区，如图 15-46 所示。选择"渐变"工具 ▦，单击属性栏中的"点按可编辑渐变"按钮 ▭，弹出"渐变编辑器"对话框。将渐变色设为从灰色（228、228、228）到白色，单击"确定"按钮。在图像窗口中由上向下拖曳渐变色。按 Ctrl+D 组合键，取消选区，效果如图 15-47 所示。

图 15-46　　　　　　　　　　　　　图 15-47

（8）选择"椭圆"工具 ◯，在属性栏的"选择工具模式"选项中选择"形状"，将"填充"颜色设为白色，"描边"颜色设为无。按住 Shift 键的同时，在图像窗口中拖曳鼠标绘制一个圆形，效果如图 15-48 所示。在"图层"控制面板中生成新的图层"椭圆 1"。

（9）单击"图层"控制面板下方的"添加图层样式"按钮 fx，在弹出的菜单中选择"描边"命令，弹出对话框，将描边颜色设为白色，其他选项的设置如图 15-49 所示。单击"确定"按钮，效果如图 15-50 所示。

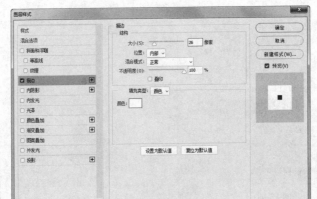

图 15-48 　　　　　　　　　　　图 15-49 　　　　　　　　　　　图 15-50

（10）按 Ctrl+O 组合键，打开本书云盘中的"Ch15 > 素材 > 制作汽车网站首页 > 02"文件。选择"移动"工具 ⊕，将图片拖曳到图像窗口中适当的位置，效果如图 15-51 所示。在"图层"控制面板中生成新的图层，将其命名为"图片"。按 Alt+Ctrl+G 组合键，创建剪贴蒙版，效果如图 15-52 所示。

图 15-51 　　　　　　　　　　　　　　　　图 15-52

（11）新建图层并将其命名为"环形"。按住 Ctrl 键的同时，单击"椭圆 1"图层的缩览图，在圆形周围生成选区，如图 15-53 所示。选择"选择 > 修改 > 扩展"命令，在弹出的对话框中进行设置，如图 15-54 所示。单击"确定"按钮，效果如图 15-55 所示。

图 15-53 　　　　　　　　　图 15-54 　　　　　　　　　图 15-55

（12）将前景色设为白色。按 Alt+Delete 组合键，用前景色填充选区，效果如图 15-56 所示。选择"选择 > 修改 > 收缩"命令，在弹出的对话框中进行设置，如图 15-57 所示。单击"确定"按钮，效果如图 15-58 所示。

图 15-56   图 15-57   图 15-58

（13）按 Delete 键，删除选区中的图像，效果如图 15-59 所示。按 Ctrl+D 组合键，取消选区。单击"图层"控制面板下方的"添加图层样式"按钮 *fx*，在弹出的菜单中选择"投影"命令，在弹出的对话框中进行设置，如图 15-60 所示。单击"确定"按钮，效果如图 15-61 所示。

（14）按 Ctrl + O 组合键，打开本书云盘中的"Ch15 > 素材 > 制作汽车网站首页 > 03"文件。选择"移动"工具 ⊹，将图片拖曳到图像窗口中适当的位置，效果如图 15-62 所示。在"图层"控制面板中生成新的图层，将其命名为"汽车"。

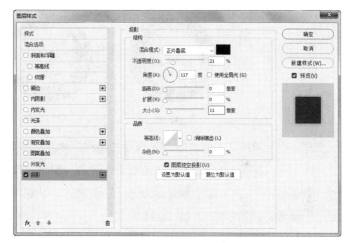

图 15-59   图 15-60

图 15-61   图 15-62

2. 制作标志及导航条

（1）新建图层并将其命名为"环形 2"。将前景色设为红色（230、30、29）。选择"自定形状"工具 ◈，单击属性栏中的"形状"选项，弹出形状选择面板。单击面板右上方的 ⚙ 按钮，在弹出的菜单中选择"全部"命令，弹出提示对话框，单击"确定"按钮。

在形状选择面板中选中需要的图形，如图 15-63 所示。在属性栏的"选择工具模式"选项中选择"像素"，在图像窗口中拖曳鼠标绘制图形，如图 15-64 所示。

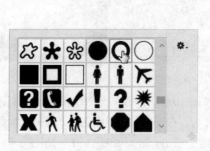

图 15-63

图 15-64

（2）选择"矩形选框"工具 ⬚，在适当的位置绘制矩形选区，如图 15-65 所示。按 Delete 键，删除选区中的图像，效果如图 15-66 所示。按 Ctrl+D 组合键，取消选区。

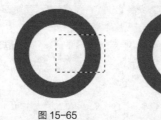

图 15-65   图 15-66

（3）选择"自定形状"工具 ，单击属性栏中的"形状"选项，弹出形状选择面板。选中需要的图形，如图 15-67 所示。在属性栏的"选择工具模式"选项中选择"形状"，将"填充"颜色设为蓝色（17、130、175），"描边"颜色设为无。在图像窗口中拖曳鼠标绘制图形，如图 15-68 所示。在"图层"控制面板中生成新的图层"形状 1"。

图 15-67

图 15-68

（4）选择"圆角矩形"工具 ▢，在属性栏中将"半径"项设为 20px，在图像窗口中拖曳鼠标绘制一个圆角矩形。在属性栏中将"填充"颜色设为白色，效果如图 15-69 所示。在"图层"控制面板中生成新的图层"圆角矩形 1"。

（5）单击"图层"控制面板下方的"添加图层样式"按钮 fx，在弹出的菜单中选择"内阴影"命令，弹出对话框。将阴影颜色设为灰色（205、205、205），其他选项的设置如图 15-70 所示。

图 15-69

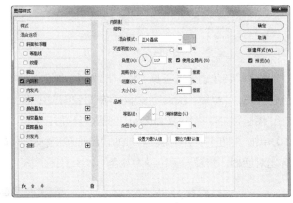

图 15-70

（6）选择"投影"选项，弹出对话框。将投影颜色设为灰色（205、205、205），其他选项的设置如图 15-71 所示。单击"确定"按钮，效果如图 15-72 所示。

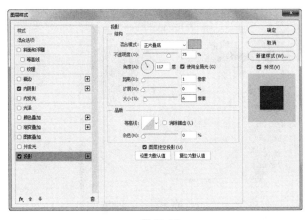

图 15-71

图 15-72

（7）选择"横排文字"工具 **T**，在适当的位置输入文字并选取文字，在属性栏中选择合适的字体并设置文字大小，设置文本颜色为黑色，效果如图 15-73 所示。在"图层"控制面板中生成新的文字图层。

（8）选择"圆角矩形"工具 **◻**，在属性栏中将"半径"项设为 2px，在图像窗口中拖曳鼠标绘制一个圆角矩形。在属性栏中将"填充"颜色设为灰色（166、159、155），效果如图 15-74 所示。在"图层"控制面板中生成新的图层"圆角矩形 2"。

图 15-73　　　　　　　　　　　　　　　图 15-74

（9）选择"路径选择"工具 **▶**，按住 Alt+Shift 组合键的同时，将圆角矩形拖曳到适当的位置，复制一个圆角矩形。用相同的方法再次复制一个圆角矩形，效果如图 15-75 所示。选择"横排文字"工具 **T**，在适当的位置输入文字并选取文字，在属性栏中选择合适的字体并设置文字大小，设置文本颜色为白色，效果如图 15-76 所示。在"图层"控制面板中生成新的文字图层。

图 15-75 图 15-76

（10）选择"圆角矩形"工具 ⬜，在属性栏中将"填充"颜色设为红色（194、25、31），"描边"颜色设为无，"半径"项设为 20px，在图像窗口中拖曳鼠标绘制一个圆角矩形，效果如图 15-77 所示。在"图层"控制面板中生成新的图层"圆角矩形 3"。

（11）单击"图层"控制面板下方的"添加图层样式"按钮 fx，在弹出的菜单中选择"内发光"命令，弹出对话框。将发光颜色设为红色（231、35、25），其他选项的设置如图 15-78 所示。

图 15-77

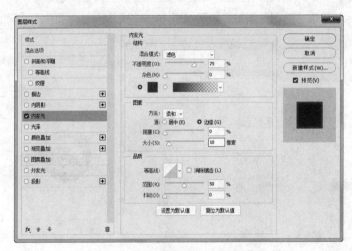

图 15-78

（12）选择"投影"选项，在弹出的对话框中进行设置，如图 15-79 所示。单击"确定"按钮，效果如图 15-80 所示。

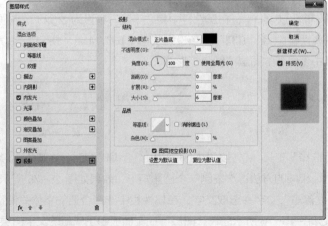

图 15-79

图 15-80

（13）选择"横排文字"工具 **T.**，在适当的位置输入需要的文字并选取文字，在属性栏中选择合适的字体并设置文字大小，设置文本颜色为白色，效果如图 15-81 所示。在"图层"控制面板中生成新的文字图层。选中文字"最新动态"，设置文本颜色为黄色（245、203、30），效果如图 15-82 所示。

首页　最新动态　焦点新闻　媒体报道　精彩下载　关于我们

图 15-81

首页　最新动态　焦点新闻　媒体报道　精彩下载　关于我们

图 15-82

3. 添加其他信息

（1）新建图层并将其命名为"红色块"。将前景色设为红色（224、21、20）。选择"圆角矩形"工具 **□.**，在属性栏的"选择工具模式"选项中选择"像素"，将"半径"项设为 65px，在图像窗口中拖曳鼠标绘制一个圆角矩形，效果如图 15-83 所示。

（2）新建图层并将其命名为"白色圆形"。将前景色设为白色。选择"椭圆"工具 **○.**，按住 Shift 键的同时，在图像窗口中拖曳鼠标绘制一个圆形，效果如图 15-84 所示。按住 Shift 键的同时，单击"红色块"图层，将"红色块"和"白色圆形"图层同时选取。选择"移动"工具 **✛.**，单击属性栏中的"水平居中对齐"按钮 **♣**，水平居中图形，效果如图 15-85 所示。

图 15-83 　　图 15-84　　图 15-85

（3）单击"图层"控制面板下方的"添加图层样式"按钮 **fx.**，在弹出的菜单中选择"投影"命令，在弹出的对话框中进行设置，如图 15-86 所示。单击"确定"按钮，效果如图 15-87 所示。

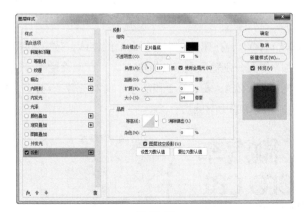

图 15-86

图 15-87

（4）按 Ctrl＋O 组合键，打开本书云盘中的"Ch08 ＞ 素材 ＞ 制作汽车网站首页 ＞ 04"文件。选择"移动"工具 ⊕，将图片拖曳到图像窗口中适当的位置，效果如图 15-88 所示。在"图层"控制面板中生成新的图层，将其命名为"轮胎"。按住 Shift 键的同时，单击"白色圆形"图层，将"白色圆形"和"轮胎"图层同时选取。选择"移动"工具 ⊕，单击属性栏中的"水平居中对齐"按钮 ⇹ 和"垂直居中对齐"按钮 ⬍，居中对齐图像，效果如图 15-89 所示。

（5）选择"横排文字"工具 T，在适当的位置输入文字并选取文字，在属性栏中分别选择合适的字体并设置文字大小，设置文本颜色为白色，效果如图 15-90 所示。在"图层"控制面板中生成新的文字图层。

图 15-88   图 15-89   图 15-90

（6）选择"横排文字"工具 T，在适当的位置分别输入文字并选取文字，在属性栏中分别选择合适的字体并设置文字大小，设置文本颜色为红色（212、23、25），效果如图 15-91 所示。在"图层"控制面板中分别生成新的文字图层。分别选择文字"微汽车"和"Micro car"，按 Alt+← 组合键，适当调整文字字距，效果如图 15-92 所示。

图 15-91   图 15-92

（7）分别选择文字"10"和"1100"，在属性栏中选择合适的字体，效果如图 15-93 所示。选择"横排文字"工具 T，在适当的位置分别输入文字并选取文字，在属性栏中分别选择合适的字体并设置文字大小，设置文本颜色为红色（212、23、25）和灰色（147、147、147），效果如图 15-94 所示。在"图层"控制面板中分别生成新的文字图层。

图 15-93   图 15-94

（8）选择"矩形"工具 □，在属性栏的"选择工具模式"选项中选择"形状"，将"填充"颜色设为红色（230、30、29），"描边"颜色设为无，在图像窗口中的适当位置拖曳鼠标绘制一个矩形，效果如图 15-95 所示。在"图层"控制面板中生成新的图层"矩形 1"。将"矩形 1"图层拖曳到"试驾报名……"图层的下方，效果如图 15-96 所示。

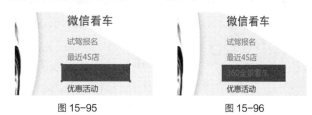

图 15-95   图 15-96

（9）选择"横排文字"工具 T，选中文字"360 全景看车"，设置文本颜色设为白色，效果如图 15-97 所示。选择"直线"工具 ／，在属性栏中将"描边"颜色设为红色（230、30、29），"描边宽度"项设为 2px。按住 Shift 键的同时，在适当的位置拖曳鼠标绘制直线，效果如图 15-98 所示。在"图层"控制面板中生成新的图层"形状 2"。

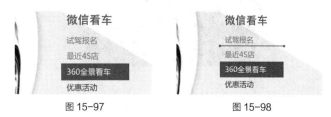

图 15-97   图 15-98

（10）选择"路径选择"工具 ▶，按住 Alt+Shift 组合键的同时，将直线拖曳到适当的位置，复制直线，效果如图 15-99 所示。选择"自定形状"工具 ⚙，单击属性栏中的"形状"选项，弹出形状选择面板。选中需要的图形，在属性栏中将"填充"颜色设为红色（230、30、29），"描边"颜色设为无。在图像窗口中拖曳鼠标绘制图形，如图 15-100 所示。在"图层"控制面板中生成新的图层"形状 3"。

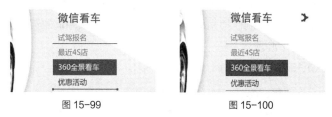

图 15-99   图 15-100

（11）选择"路径选择"工具 ▶，按住 Alt+Shift 组合键的同时，将形状拖曳到适当的位置，复制形状，效果如图 15-101 所示。按 Ctrl+T 组合键，在图像周围出现变换框，单击鼠标右键，在弹出的菜单中选择"水平翻转"命令，水平翻转图像。按 Enter 键确认操作，效果如图 15-102 所示。

图 15-101   图 15-102

（12）选择"横排文字"工具 ，在适当的位置输入文字并选取文字，在属性栏中选择合适的字体并设置文字大小，设置文本颜色为黑灰色（72、72、72），效果如图 15-103 所示，在"图层"控制面板中生成新的文字图层。汽车网站首页制作完成，效果如图 15-104 所示。

图 15-103

图 15-104

课堂练习1——制作旅游网站首页

【练习知识要点】使用"高斯模糊"滤镜命令为图片添加模糊效果，使用"色阶"命令和"色彩平衡"命令调整图片颜色，使用"椭圆选框"工具和"羽化"命令制作高光效果，使用"矩形"工具、"描边"命令和"自定形状"工具制作搜索框，使用绘图工具、"横排文字"工具和剪贴蒙版制作主体图片。最终效果如图 15-105 所示。

【效果所在位置】Ch15/效果/制作旅游网站首页.psd。

图 15-105

课堂练习2——制作生活家具类网站详情页

【练习知识要点】使用"置入嵌入对象"命令置入图片和功能按钮，使用"矩形"工具和剪贴蒙版制作产品图片，使用"圆角矩形"工具、"矩形"工具和"直线"工具绘制装饰图形，使用"横排文字"工具添加内容文字。最终效果如图 15-106 所示。

【效果所在位置】Ch15/效果/制作生活家具类网站详情页.psd。

图 15-106

课后习题1——制作甜品网站首页

【习题知识要点】使用"矩形"工具和"横排文字"工具制作导航和内容信息，使用"矩形"工具和"画笔"工具制作广告背景，使用"圆角矩形"工具和剪贴蒙版制作广告图片。最终效果如图 15-107 所示。

【效果所在位置】Ch15/效果/制作甜品网站首页.psd。

图 15-107

课后习题 2——制作绿色粮仓网站首页

【习题知识要点】使用"横排文字"工具和"矩形"工具制作导航条，使用"钢笔"工具、"椭圆"工具和剪贴蒙版制作广告主体和宣传图片，使用"圆角矩形"工具和"横排文字"工具制作广告信息区域。最终效果如图 15-108 所示。

【效果所在位置】Ch15/效果/制作绿色粮仓网站首页.psd。

图 15-108